计算机专业职业教育实训系列教材

文字录入与编辑实训教程

主　编　宋福英

副主编　王永斌

参　编　石立峰　吴启翔　郭栩翔

主　审　王小平

机 械 工 业 出 版 社

本书是各职业学校计算机应用、电子商务、电算会计等专业在办公自动化方向的实践课教材，实践性和应用性很强。它以实用为出发点，帮助学生熟练掌握中英文盲打技术和技能，熟练掌握五笔字型输入法，了解其他常用汉字输入法，为学生学习其他的计算机课程及以后的工作打好基础，培养学生的上机操作能力和吃苦耐劳的精神。

本书共分 6 章，分别讲述了文字录入基础知识、汉字处理基础知识、五笔字型输入法、其他常用汉字输入法、文字编辑基础知识和方正书刊排版系统。学好这门课程，学生将能尽快了解计算机的基本知识，掌握计算机的基本操作技术，成为具有计算机文化知识的人才。本书还配有电子课件，读者可在机械工业出版社 www.cmpedu.com 上以教师身份免费注册下载，或联系编辑（010-88379194）索取。

本书适合各职业学校计算机应用等相关专业学生，同时也适合于各类培训班学员及计算机录入者。

图书在版编目（CIP）数据

文字录入与编辑实训教程/宋福英主编. —北京：机械工业出版社，2011（2022.9 重印）

计算机专业职业教育实训系列教材

ISBN 978-7-111-33065-3

Ⅰ. ①文… Ⅱ. ①宋… Ⅲ. ①文字处理—职业教育—教材 Ⅳ. ①TP391.1

中国版本图书馆 CIP 数据核字（2011）第 008102 号

机械工业出版社（北京市百万庄大街 22 号 邮政编码 100037）

策划编辑：梁 伟　　责任编辑：蔡 岩

封面设计：鞠 杨　　责任印制：单爱军

北京虎彩文化传播有限公司印刷

2022 年 9 月第 1 版第 8 次印刷

184mm×260mm · 7.5 印张 · 176 千字

标准书号：ISBN 978-7-111-33065-3

定价：26.00 元

电话服务　　网络服务

客服电话：010-88361066　　机 工 官 网：www.cmpbook.com

010-88379833　　机 工 官 博：weibo.com/cmp1952

010-68326294　　金 书 网：www.golden-book.com

封底无防伪标均为盗版

机工教育服务网：www.cmpedu.com

前　言

本书是各职业学校计算机应用、电子商务、电算会计等专业在办公自动化方向的实践课教材，实践性和应用性很强。它以实用为出发点，帮助学生熟练掌握中英文盲打技术和技能，熟练掌握五笔字形输入法，了解其他常用汉字输入法，为学生学习其他的计算机课程及以后的工作打好基础，培养学生的上机操作能力和吃苦耐劳的精神。通过学习本教材学生能懂得文字录入与编辑方面的基本知识，对文字录入与编辑有较完整、较系统的了解，培养学生熟练地进行文字录入和处理工作的能力，通过训练达到中级文字录入处理员的水平。使用本书时，注意以下几个方面：

（一）本书特色

本书基于“快速掌握、即查即用、学以致用”的原则，根据日常工作和学习的需要取材谋篇，以应用为目的，并配以大量实例。具有以下特点：

1. 内容上注重“实用为先”

本书在内容上注重“实用为先”，精选最需要的知识，介绍最实用的操作技巧和最典型的应用案例。真正将计算机使用者的技巧和心得完完全全地传授给读者，教会您生活和工作中真正能用到的东西。

2. 方法上注重“活学活用”

本书在方法上注重“活学活用”，根据用户实际使用的需要，以应用为目的，将软件的功能完全发掘给读者，教会读者更多、更好的应用方法。

3. 讲解上注重“丰富有趣”

本书在文字上注重“丰富有趣”，风趣幽默的语言搭配生动有趣的实例，采用全程图解的方式，细致地进行分步讲解，读者翻看时会感到兴趣盎然，回味无穷。同时还提供了大量“提示”、“注意”、“技巧”的精彩点滴，让读者在学习过程中随时认真思考，对初、中级用户在使用计算机过程中随时进行贴心的技术指导，迅速将“新手”打造成为“高手”。

（二）本课程与其他课程的联系

文字录入作为计算机专业的基础课程，应在学生学习了《计算机文化基础》、《计算机常用工具软件》课程后开设，不需要太多其他预备知识。学好本课程，可以为学生再进一步学习其他专业课程打下良好的基础。

（三）本课程的实训实践环节

1. 实践课的总体要求

（1）课前预习：学生在进行上机前必须认真准备，明确上机目的，掌握上机操作的步骤和方法。

（2）认真操作：上机操作能力是在上机过程中逐步培养和提高的，学生应在教师指导下，严格按照上机作业和要求，独立完成作业。力求在每一次上机课中都能正确掌握每节课的内容。

（3）写好上机报告：学生上机课结束以后应写上机报告，它是对实践过程和结果的分析和总结。要求学生能正确地分析并总结过程，从而加深学生对实践内容所涉及原理的理解。

2．考核办法

本课程为考试课，考核成绩=试卷（20%）+上机（60%）+平时成绩（20%）。其中试卷部分主要考核学生对课程中基本概念和重要理论的掌握情况；上机部分主要考核学生经过一学期的学习之后的动手实践能力；平时成绩主要是根据平时的提问及出勤等来确定的。

3．作业、操作、测试的重点内容和方法

（1）作业：本课程是一门实践性极强的课程，作业主要是上机作业和上机报告两种。上机报告主要是学生在上机过程中的操作步骤和注意事项，以统一印发的报告纸形式上交；上机作业主要是学生在上机过程中制作的实例，以电子作品的形式上交或展示。

（2）操作：本课程操作内容比较多，基本上是让学生在机房以上机练习的形式进行。一般操作课堂上要布置一个具体的任务留给学生进行练习以便当堂检查考核。

（3）测试：和作业相对应，本课程测试分为上机考试和卷面考试两部分。其中，上机考试在机房进行，占总成绩的60%；卷面考试以试卷的形式进行，占总成绩的20%。

（四）本课程教学建议

训练由易到难，逐步展开。练习时要循序渐进、持之以恒、反复训练，宜采用集中练习法，如集中时间反复练习输入同一段文字。教学中应注重培养学生盲打能力。建议使用金山打字作为学生的学习软件。

（1）本课程涉及的知识点较多，是实践性很强的一门课程，除了在课堂上讲授一定的基本知识和原理外，要充分利用多媒体技术或计算机室进行直观教学，讲授操作方法，演示操作步骤和操作效果。采用启发、讲解、现场指导等多种方法进行课堂教学，以提高教学效果。

（2）根据该课程实践性、操作性强的特点，应尽量采取讲练结合的教学方式，突出上机操作训练。

（3）适应计算机软、硬件技术迅速发展的需要，各任课教师应及时总结课程教学经验，补充并更新教学内容，改进教学方法，以提高课程教学质量。

（4）课时分配如下：

章 节 内 容	讲授学时	上机学时
导学　第1章　文字录入基础知识	2	2
第2章　汉字处理基础知识	2	2
第3章　五笔字型输入法	14	14
第4章　其他常用汉字输入法	2	2
第5章　文字编辑基础知识	2	2
第6章　方正书刊排版系统	14	14
合　计	36	36

本书由宋福英主编，王小平任主审。参加编写的还有王永斌、石立峰、吴启祥、郭栩翔。由于作者水平有限，书中难免有不妥和错误之处，恳请各位专家、读者批评指正。

编　者

目　录

前言
导学 …… 1

第 1 章　文字录入基础知识 …… 3

1.1　键盘键位及其功能 …… 3
1.2　键盘指法 …… 5

第 2 章　汉字处理基础知识 …… 9

2.1　字符与汉字编码 …… 9
2.2　汉字录入方法介绍 …… 12
2.3　计算机汉字处理流程 …… 14
2.4　总结 …… 14

第 3 章　五笔字型输入法 …… 15

3.1　汉字的基本结构 …… 15
3.2　汉字的构成 …… 16
3.3　五笔字型的字根键盘 …… 17
3.4　汉字的拆分 …… 20
3.5　五笔字型的汉字编码 …… 22
3.6　简码、重码和容错码 …… 25
3.7　词语的输入 …… 26
3.8　王码 …… 27
3.9　智能五笔 …… 29
3.10　万能五笔 …… 32
3.11　掌握五笔字型输入法的技巧 …… 33
3.12　总结 …… 34

第 4 章　其他常用汉字输入法 …… 35

4.1　区位法汉字录入 …… 35
4.2　智能 ABC 输入法 …… 37
4.3　微软拼音输入法 …… 45
4.4　搜狗拼音输入法 …… 46
4.5　二笔输入法 …… 56

第 5 章　文字编辑基础知识 …… 60

5.1　基本常识 …… 60

5.2 排版工艺常识 ······ 67
5.3 校对知识 ······ 70
5.4 电子排版工艺 ······ 75

第 6 章 方正书刊排版系统 ······ 78

6.1 初步认识方正书刊 10.0 排版系统 ······ 78
6.2 字符效果 ······ 80
6.3 段落效果 ······ 87
6.4 整篇排版效果 ······ 91
6.5 表格制作 ······ 98
6.6 数学排版 ······ 102
6.7 化学排版效果 ······ 106

参考文献 ······ 112

导　　学

本书将教会大家两大技能：文字录入和文字排版。

文字录入

在计算机被广泛应用于社会各行各业的今天，大多数计算机所做的工作是进行信息处理。要进行信息处理，首先要做的工作是把收集的数据录入到计算机中，然后按照企业的要求对信息进行编辑和排版。因此，文字录入和编辑排版的重要性和必要性表现得越来越突出。提高文字录入和排版速度，已成为很多人的追求。近几年操作能力强、能迅速进入职业角色的中等职业学校的学生越来越受到企业的青睐，还出现了“供不应求”的情况。

学习文字录入，也就是要选择一种适合自己的输入法，通过科学规范的方法学习并练习后达到：

初级：掌握至少一种汉字输入方法，能实现盲打，速度为 30 字/分；

中级：熟练掌握至少一种汉字输入方法，能实现盲打，速度 60 字/分；

高级：熟练掌握至少一种汉字输入方法，能实现盲打，速度为 90 字/分；

能手级：熟练掌握至少一种汉字输入方法，能实现盲打，速度为 120 字/分；

速录员：对语音信息的采集速度是每分钟不低于 140 字；

速录师：每分钟不低于 180 字；

高级速录师：每分钟不低于 220 字。

速录师：让文字“音速”飞行

速录师是指运用速录机设备，从事语音信息实时采集并生成电子文本的人员。通俗地来说，就是运用专业的速录机，边听边打字，做到“语音落、记录完、文稿成”，说话者讲完即可把讲话稿打印出来。

速录师就好像在弹钢琴一样，手指在键盘上不断地跳跃。

陈红学习速录始于 2003 年，那年她中专毕业，在学校接受了速录的培训，培训后她的速录速度达到 160 字/分钟，在同一批培训的学生当中，名列三甲。大部分同学毕业后去了法院当速记员。而陈红坚持自己的选择，最终走进企业，并于 2007 年创办了自己的公司。

速录师平均工资 3000 元以上。

据了解，目前广州只有几家速录公司。近来，陈红希望招聘一名能听懂、打字速度在 200 字/分钟以上的速录师。“但到现在还是找不到符合要求的人才。”

其实速录师的待遇一点儿也不低，一般以 200 元/小时或 1200 元/天计价。但速录师的经历至少几个月的磨砺，单独完成合格的速录后，收入才会慢慢增加。在广州，一般的速录师平均月工资可以达到 4000 元以上。

如今，速录已开始广泛应用于行业或企业举行的各种重要会议、峰会、法庭审讯、记者采访、直播等领域。

文字排版

在古代，要印刷书本，需要人工将字按文件原稿排好，所以有“排版”一说。而到了现代，排版实际上就是指掌握一些文件编辑软件的用法，并按照常见的行文规则和规范在计算机中对原稿进行排版。

“三分长相，七分打扮”

俗话说：“三分长相，七分打扮”，这是用来形容人的外表要靠精心装饰来改善。节假日中的人们，经过梳妆打扮以后，穿上漂亮合体的衣服，总能给人焕然一新的感觉。

排版对于出版物，就是那件漂亮衣服，就是那些化妆品。在人们的日常生活中，都会接触到排版物，不论是每天必看的报纸、阅读的书、查看的资料、浏览的杂志和刊物，还是街头巷尾铺天盖地的广告，都或多或少涉及排版。

而评价出版物的好坏，不能只看内容是否精彩，还要看排版是否优美。只有经过专业排版润色的出版物，才能给人赏心悦目、心旷神怡的感觉，并油然而生一种美感，才是一件真正的好作品。

不管是排报纸、杂志、书还是平面广告，都要处理文字、图形和图像等素材，并把这些素材安排在一个页面内，这个版面制作过程主要由排版软件来完成。

在印前制作领域中，本书将要讲解的排版软件——北大方正的飞腾被誉为“排版天才”。它大量应用于报社和出版社，受到了很多好评。这款排版软件以其强大的功能占据了广泛的市场。

学习完本书后，学生可具有使用计算机从事秘书、文书、信息资料与档案管理、文字处理、图书出版、报刊、印刷广告等专门工作所必需的中英文字输入技能、制作中英文文稿版式的基本知识和基本技能，制作出赏心悦目的文章，为学生走向企业、事业等文秘工作岗位打下坚实的基础。

第 1 章　文字录入基础知识

掌握规范的录入指法，已经成为操作计算机必备的前提，如果您现在对文字录入还一窍不通或不甚了解，那么请跟随我们，让我们一起与它来一次亲密接触吧！

本章将教给你

- 对键盘键位的认识
- 对键盘键位功能的了解
- 规范科学的指法

学完本章后你应该

- 能熟记键盘各键位及功能
- 了解录入操作的基本原则
- 掌握正确的录入操作姿势
- 精通科学规范的指法

键盘是实现人与计算机之间对话的主要途径，各种数据信息都可以通过键盘输入到计算机中。为提高录入速度，必须进行专门的指法训练。在进行指法训练前，首先要了解键盘上的键位分布情况，并按照正确的指法进行操作，以便逐步实现盲打，提高数据录入效率。在这一章里，我们将介绍键盘键位，对键盘的操作有一个深入的认识。通过学习，了解键盘上各键的功能，认清各键位置，进行指法练习。

1.1　键盘键位及其功能

要想学好打字就必须熟练操作键盘，要想熟练操作键盘就必须掌握键盘的布局和指法分区。

1.1.1　键盘键位

键盘大体上可分为标准键盘、非标准键盘和专用键盘三种。其中非标准键盘和专用键盘主要用于专用设备和特殊设备中，很少与计算机配套使用。

早期的计算机标准键盘为 83 键，分为功能键区、标准字符键盘区和数字键盘区三个区域。随着计算机的不断发展，键盘也向多功能型和方便型发展：出现了标准的 101 键键盘；或为配合 Windows 95、Windows 98 使用的专用键盘；为减少打字疲劳而设计的人体力学键盘等。这些键盘基本上都可分为五个区域，即功能键区、标准字符键盘区、控制键区、数字键盘区和状态指示区。101 键或 104 键的通用扩展键盘键位总图，如图 1-1 所示。

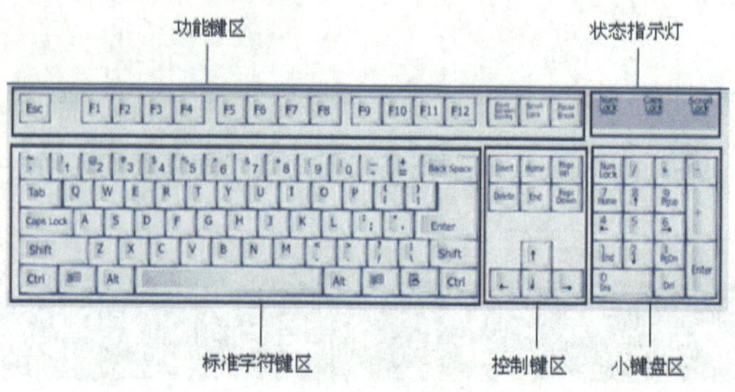

图 1-1　键盘示意图

在键盘操作中，不同的键区和不同的键有着不同的使用特点。

1．标准字符区

标准字符区位于键盘中央偏左的大片区域，是使用键盘的主要区域，如图 1-2 所示。

图 1-2　标准字符区

2．功能键区

功能键区位于键盘的最上面一行，如图 1-3 所示。

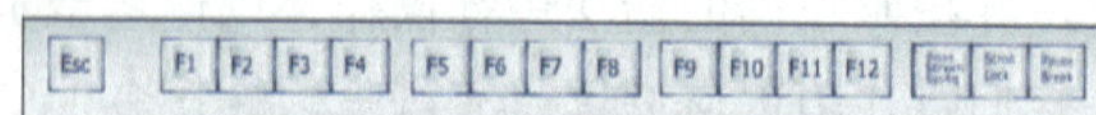

图 1-3　功能键区

3．编辑键区

编辑键主要是指在整个屏幕范围内，进行光标的移动操作和有关的编辑操作等，如图 1-4 所示。

4．小键盘区（数字/全屏幕操作键区）

小键盘区位于键盘的右侧，又叫数字键区，主要用于快速输入数字，如图 1-5 所示。

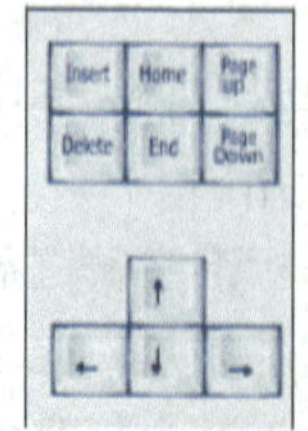

图 1-4　编辑键区

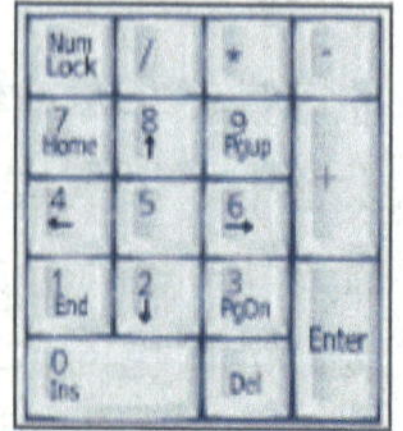

图 1-5　小键盘区

1.1.2 键盘操作

速录成功的关键是对计算机键盘的熟练使用。

操作时计算机应放置在专用的桌子上，高度为适中。座位最好是可以调节高度的转椅。在初学键盘操作时，必须十分注意打字的姿势。正确的姿势可以有效、高速地向计算机输入有关信息，提高打字速度，正确姿势的具体要求是：

1）打字者正坐在椅子上，全身重心平稳，腰杆挺直，背部与椅子成直角，两腿自然平放在桌子下。

2）椅子高度要适当，一般都使用可以方便调节座位高低的转椅，眼睛距显示器的距离为 30 cm 左右。

3）两肩放松，两肘悬空，手腕平直，手指自然弯曲，轻放于规定的键位上，手指要放在键位的中央。身体与电脑桌保持一定的距离。

4）原稿应放在键盘左侧，故可将键盘稍稍右移。

力求做到“盲打”，即视线要投注在显示器上，不可常看键盘，以免视线往返，增加眼睛的疲劳。同时要经常注意用眼卫生，如眼睛与屏幕要保持适中的距离，眼睛要平视、放松，屏幕显示要调节到恰到好处的亮度，连续操作时间不宜过长，要注意眼睛休息。

键盘输入时的正确坐姿如图 1-6 所示。

图 1-6　键盘输入时的正确坐姿

1.2 键盘指法

“工欲善其事，必先利其器”。在学习任何一种录入法之前都必须掌握且熟练科学规范的键盘指法。如图 1-7 所示，十个手指应各司其职、各尽其责、齐心协力、通力合作。

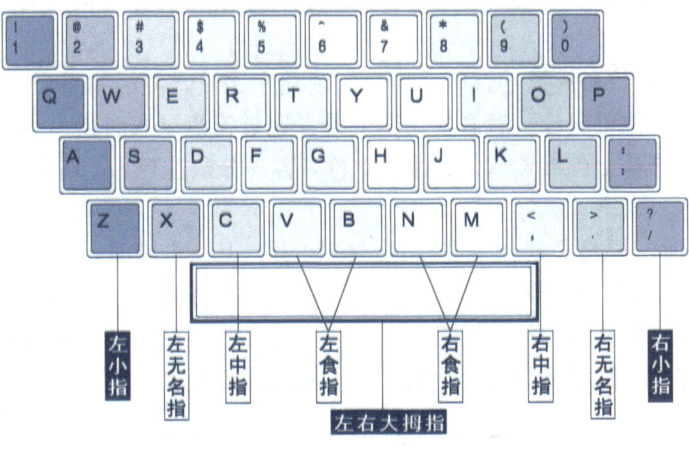

图 1-7　指法示意图

1.2.1 指法训练

操作键盘时，应将手指放在键盘的 8 个基准键位上。基准键位是指主键盘区第二排字母键中的【A】、【S】、【D】、【F】、【J】、【K】、【L】和【;】。

要想掌握规范的指法，在练习中就要不断强化下面的打字技巧和要领。

1）手指的键位分工是指把键盘上的键位合理地分配给 10 个手指。除拇指外，其余 8 个手指各有一定的活动范围，每个手指负责各自区域内字符的输入。

2）当使用键盘输入字符或数字时，每个手指都只能在自己的区域内活动，不能敲击其他键。在击键时应注意：不能长时间按住一个键不放，当击键结束后，各个手指应立即退回相应的基准键位上。

3）打字者在操作时必须集中精力。击键要果断、迅速，击键后要立即弹起，手指退回原位。击键的力量也要均匀。

4）准备打字时，双手拇指放在空格键，其余 8 个手指垂放在各自的基准键上。

5）击键时手指自然弯曲，手指向上略微拱起，手指的第一关节呈微弧型，手指放在按键中央。

6）非击键的手仍自然地停留在基准键上，两手同时击键时除外。

7）击键完毕，手指应立即回到基准键上。

1.2.2 指法训练的难点

在进行文字录入训练时，除了强调正确的姿势外，还必须强调技术训练和心理训练相结合，这是指法训练的关键也是难点。

1）训练时，在做好准备工作后，必须专心练习，不能受其他事情的干扰。阅读原稿的速度，以手能跟得上为宜。击键过程中，要注意体会击打不同键位上的按键时手指动作的差别和手指的键感，尽力记住准确的击键动作。

2）在基础练习阶段，要把准确性放在第一位。基础训练阶段特别强调姿势的正确；逐个字符地记忆键位；训练手指的动作；练习眼、脑、手的协调等也很重要，这是以后提高速度的基础。

3）一般可将原稿放在键盘的左侧，这样阅读起来比较方便。如果配置有专用的原稿架，放在键盘后面的中间位置更佳。有必要说明的是，通过键盘录入时最忌讳边看原稿边看计算机键盘或看显示器屏幕上已经输入的信息，这样，容易分散注意力，造成多打、漏打或串组、串行等差错。

4）阅读原稿时，要将视线集中在单词（或字组）上；击键时，视线要集中到第一个单字，击完第一个单字后，视线移到下一个单字（空格并归到前一单词或字组）。在眼看与手击之间，脑是桥梁。眼睛所看见的反映到脑子里，脑指挥手的动作以完成击键；手之键感返回通知大脑动作完成，眼睛又去收集信息，这一过程可归纳为：

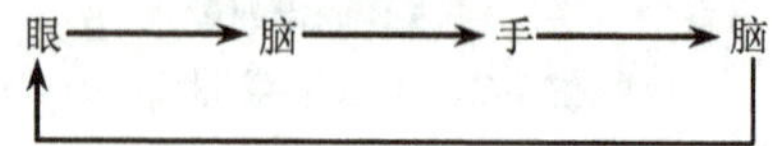

直到输入结束，该循环才结束。为了集中精力、加深记忆和保证动作协调，初学者还可以采用默念的办法，即把眼睛看到的内容不出声地边念边击键，使键位印象清晰，落指无误。

5）随着所要练习的字符的增加，训练难度也不断加大。学习者一定要按照键盘输入的操作要领，认真练习，多练多记才会熟能生巧，逐步达到得心应手的效果。而心不在焉、马马虎虎地练习，是决不会达到预期效果的。

1.2.3 基本键的训练

1. 基本键 A、S、D、F、J、K、L、; 的训练

在键盘中，A、S、D、F 和 J、K、L、; 这 8 个键称为基准键位，如图 1-8 所示。

网上有许多录入训练小软件如：金山打字，圆圆打字高手、键盘精灵——指法练习系统、打字训练之指法练习等，可下载使用。

图 1-8　基本键位

反复练习输入下面的内容：

```
fff  fff  fff  jjj  jjj  jjj  ddd  ddd  ddd  kkk  kkk  kkk  sss  sss  sss  lll
lll  lll  aaa  aaa  aaa  ;;;  ;;;  ;;;  sdf  sad  dsa  dsa  jlk  jlk  klj  lk  ass
add  all  all  dad  das  sdf  ask  ask  fall  sak  dlk  lad  lad  lss  las  sls
lsl  sls  ad  sad  fla  fasd  kjlk  l;kds  asda  sdfd  klj;  kljj  aksd  al;sf
aasd  lj;s  asfd  ;lkj  jkl;  asfd  ;lkj  skdl  a;sl  afdk  lasd  jl;a  asd;k  ;sdf
```

2. G、H 键的训练

反复练习输入下面的内容：

```
hghg  hggj  fgfg  fgfg  fghg  gjgj  gjgj  jhjh  jh  fgf  fgf  fgf  jhj  jhj
jhj  fgh  fgh  fgh  jhg  jhg  had  had  glad  glad  sdf ga  hjkls  lkjha
lkjhg  kjhgf  daslk  hjk sa  hj kla  kjlas  lkjgh  kjhfg  jghds  fhjg  hgj  fjh
fhjg  fhjg  jfhj  gfhg  fhg  hgjg  gjj  gff  ffg  ggj  fj  fjjj  jf  hg  fj
```

3. E、R、T、Y、U、I 键的训练

反复练习输入下面的内容：

```
aii  eii  iie  el  iaa  aai  ill  ill  eiei  aiai  fiei  adfis  afis  aidi  her  it
it  is  fed  fed  fed  ill  ill  ill  lid  lid  lid  ask  ask  ask  sail  sail
sail; kill  kill  kill; jail  jail  jail  file  file  file; jade  jade  jade; desk  desk
desk  desk  at  a  future  date; the  judge  is  just; at  least  a  year  use
the  regular  rate  rest  a  little  after that  date  a  safe  ride  free  the
```

4. Q、W、O、P 键的训练

反复练习输入下面的内容：

```
wwp  ppw  oow  opq  ieop  ow  qo  pq  qe  ytp  qp  qqp  tpp  tqq
pqp  qqp  qwp  qqw  wwp  ppw  oow  opq  oww  poow  opw  owo
owe  owe we  op  wee  qwp  pqe  qe  ytp  qp  qqp
```

5．V、B、N、M 键的训练

反复练习输入下面的内容：

```
bnb  fvb  fvv  fbb  vbv  bvb  nmb  nmv  vbb  bvv  fnm  jmn  bnd  nmu
inn  bvn  bni  vnp  vnvn  bnm  nhn  ffb  fin  jnn  mnb  nub  nnm  vbn
nvb  mm  base  need  best  nine  bear  able  rain  mine  mean  abut
maid  turn  dind  land  bile  train  under  balck  until  bring  brush  gabit
```

6．Z、X、C 键的训练

反复练习输入下面的内容：

```
zzx  ccx  dkz  aaz  czc  xkc  zks  zck  zcc  zkl  zka  xll  znu  xss  xxz
cde  xft  abcd  efg  hijk  lmn  opq  rst  uvw  xyz  abcd  efg  hijk  lmn
opq  rst  uvw  xyz  abc  defg  hijk  lmn  opq  rst  uvw  xyz  in  the
end  we  will  conserve  only  zzx  ccx
```

1.2.4　范围键的训练

1．符号键的训练

键盘上还有一些字符，如+、–、*、/、(、)、#、$、!、%、&等，这些字符的输入也必须按照它们各自的分区，用相应的手指按规则击键输入。只要熟悉了字母键和符号的击键方法，字符的输入也就很简单了。

反复练习输入下面的内容

```
@@  @@  #####  #####  #####  !!!!  $$$$  %%%%  &&&&
****  ((  ((  ))  ))  =  =  =  +  +  +  +  ,  ,  ,  ,  ?  ?  ?  ?
<  <  <  >  >  >  ^^  !!!!  ~~~~~  ||||  +_  _ _ _ _  ++  HAU  ABCD
EFGH  IJKL  MN  ZXD  afafFhH  ioqQ  WM  hss  kZUW  abcdEFH
```

2．数字键的训练

数字位于键盘上标准键盘区的最上端，如图 1-9 所示。

图 1-9　数字键区

反复练习输入下面的内容：

```
1111  1111  2222  2222  3333  3333  4444  4444  5555  5555  6666  6666
7777  7777  8888  8888  9999  9999  0000  0000  0123456789  1238  244
1475  1831  1712  1514  1049  8750  6654  3479  0098  1257  8701  391
921;  238  1475  1831  1712  1514  1049  8750  a1a1  s2s2  d3d3  f4f4
g5g5  h6h6  j7j7  k8k8  l9l9  ;0;0  111a  222s  333d  444f  555g  6h  k8
```

第 2 章　汉字处理基础知识

了解和掌握汉字处理基础知识，将对提高汉字的录入和处理能力以很大的帮助。在这一章，我们将学习汉字在计算机中不同于其他字符的一些处理方法和基本知识！

本章将教给你

- 汉字的特点及汉字编码
- 汉字输入法简介
- 汉字处理的基本知识和流程

学完本章后你应该

- 了解不同字符的编码
- 知道常用的不同类型的汉字输入法
- 掌握几种不同的汉字编码
- 掌握汉字的处理流程

2.1　字符与汉字编码

2.1.1　字符编码

大家知道，对于计算机来说，它所能识别和处理的内容只能是二进制数。所以，我们需要把处理的所有数据都进行数字化，也就是把汉字、英文的大小写字母、数字、各种符号、图像和声音等都用二进制数来表示。这样，计算机才能识别和处理这些对象。

为了在应用中有一个统一的标准，所有的英文字母、数字和各种符号都按一定规则用二进制编码来表示。汉字也不例外，同样有汉字编码字符集。

目前计算机中用得最广泛的字符集及其编码，是由美国国家标准局（ANSI）制定的 ASCII 码（American Standard Code for Information Interchange，美国标准信息交换码），它已被国际标准化组织（ISO）定为国际标准，称为 ISO 646 标准。适用于所有拉丁文字字母，ASCII 码有 7 位码和 8 位码两种形式。

因为 1 位二进制数可以表示两种状态：0、1；而 2 位二进制数可以表示 4 种状态：00、01、10、11；依此类推，7 位二进制数可以表示 128 种状态，每种状态都唯一地编为一个 7 位的二进制码，对应一个字符（或控制码），这些码可以排列成 1 个十进制序号 0～127。所以，7 位 ASCII 码是用 7 位二进制数进行编码的，可以表示 128 个字符，详细编码对照见表 2-1。

表 2-1　常见字符的 ASCII 码对照表

$b_6b_5b_4$ \ $b_3b_2b_1b_0$	010	011	100	101	110	111
0000	SP	0	@	P	.	p
0001	!	1	A	Q	a	q
0010	“	2	B	R	b	r
0011	#	3	C	S	c	s
0100	$	4	D	T	d	t
0101	%	5	E	U	e	u
0110	&	6	F	V	f	v
0111	,	7	G	W	g	w
1000	(	8	H	X	h	x
1001	)	9	I	Y	i	y
1010	*	:	J	Z	j	z
1011	+	;	K	[	k	{
1100	,	<	L	\	l	|
1101	−	=	M	]	m	}
1110	.	>	N	^	n	~
1111	/	?	O	_	o	Del

当计算机使用 7 位 ASCII 码时，每个字节只占用了 7 位，还有一位没用，也就是 8 位中的最高位，其值恒为 0，因此我们称 7 位 ASCII 码为基本 ASCII 码。当最高位的值为 1 时，ASCII 码被扩充了，又可以多表示 128 种字符，称为扩充 ASCII 码。通常扩充 ASCII 码被各个国家用来作为自己国家语言文字的代码。

2.1.2　汉字编码字符集（GB 2312－80）

同 ASCII 码提供了字母和数字及其他符号的编码一样，我们的汉字也有自己的编码。

GB 2312 或 GB 2312—80 是一个简体中文字符集的中国国家标准，全称为《信息交换用汉字编码字符集·基本集》，又称为 GB 0，由中国国家标准总局发布，它是一个简化字的编码规范。1981 年 5 月 1 日实施。GB 2312 编码通行于中国大陆；新加坡等地也采用此编码。中国大陆几乎所有的中文系统和国际化的软件都支持 GB 2312。

GB 2312 标准共收录 6 763 个汉字，其中一级汉字 3 755 个，二级汉字 3 008 个；同时，GB 2312 收录了包括拉丁字母、希腊字母、日文平假名及片假名字母、俄语西里尔字母在内的 682 个全角字符。在这个字符集中每个字符用两个字节表示。整个字符集分成 94 个区，每区有 94 个位。每个区位上只有一个字符，因此可用所在的区和位来对汉字进行编码，称为区位码。这个码是唯一的，不会有重码字。把换算成十六进制的区位码加上 2020H，就得到国标码。国标码加上 8080H，就得到常用的计算机机内码。

GB 2312 的出现，基本满足了汉字的计算机处理需要，它所收录的汉字已经覆盖中国内地 99.75%的使用频率。

对于人名、古汉语等方面出现的罕用字，GB 2312 不能处理，这导致了后来 GBK 及 GB 18030 汉字字符集的出现。

信息交换用汉字编码字符集和汉字输入编码之间的关系是，根据不同的汉字输入方法，通过必要的设备向计算机输入汉字的编码，计算机接收之后，先转换成信息交换用汉字编码字符，这时计算机就可以识别并进行处理；汉字输出是先把机内码转成汉字编码，再发送到输出设备。

2.1.3 汉字编码

根据汉字在计算机处理过程中的不同阶段，汉字编码又可以分为以下几种：

1．计算机汉字输入码

计算机汉字输入码是指在使用不同的汉字输入法时，每个汉字所对应的键盘输入码。该输入码因所选用的输入法不同而不同。如："计"字，用拼音输入法时，其输入码为"ji"；而用五笔输入法时，其输入码为"yf"。

2．计算机汉字交换码

计算机汉字交换码是在系统间或计算机间进行通信和信息交换时用的代码，它是汉字信息处理技术的基础，为了统一，各个系统和计算机所用的汉字交换码应该完全一致。目前用到的汉字交换码主要有三种。

1）如前所述，GB 2312—80 就是一个简体中文字符集的中国国家汉字交换码标准，全称为《信息交换用汉字编码字符集・基本集》，由中国国家标准总局发布，1981 年 5 月 1 日实施。GB 2312 编码通行于中国大陆；新加坡等地也采用此编码。中国大陆几乎所有的中文系统和国际化的软件都支持 GB 2312。

2）BIG5 又称大五码，主要在我国台湾省和香港地区使用，是一个繁体字编码规范。每个汉字编码同样用两个字节来表示。

3）GBK 编码，是 GB 2312 编码的扩展。它是向上兼容的，即 GB 2312 中的汉字编码包含在 GBK 编码中，同时 GBK 中还包含有繁体字编码。GBK 编码也是由 2 个字节组成的，它包含有 21 003 个简体和繁体汉字。

3．计算机汉字内部码

计算机汉字的内部码也称为内码或机内码。内码是在设备和系统内部进行存储、计算、传递等处理时所使用的汉字代码，通常用汉字在字库中的物理位置来表示。

4．计算机汉字输出码

计算机汉字输出码也叫汉字字形码。汉字在输出，也就是在显示和打印时，是以点阵形式实现的。所以其输出码也就是将汉字字形点阵数字化后的二进制编码。汉字的输出根据不同的显示规格，有 16 点阵、24 点阵和 32 点阵之分。

2.2 汉字录入方法介绍

2.2.1 汉字录入简介

20 世纪中期，随着计算机技术的快速发展，其在人们的生产实践活动中的应用也就愈加广泛，地位也愈加重要。为了更好地使用计算机，我国自 20 世纪 70 年代开始系统地研究和开发了汉字信息处理技术，产生了一些比较简单的处理方法。到了 20 世纪 80 年代，产生了 CCDOS 等中西文兼容的操作系统。

在这个发展过程中，因为遇到了一些困难，曾经有人提出了“汉字淘汰论”。但是，在大批计算机工作者的努力下，很快产生了几百种汉字输入法的设计方案，并将有实用价值的几十种方案迅速推广。

计算机中文信息处理技术需要解决的首要问题就是汉字的输入技术。如今，在计算机技术飞速发展的推动下，除键盘输入法外，又有更多方便易用的新的汉字处理方法诞生了，如汉字文字识别、汉字语音输入处理、联机手写输入等。

1．键盘输入

键盘输入方法是通过键入汉字的输入码方式输入汉字，通常要敲击 1～4 个键输入一个汉字，它的输入码主要有拼音码、区位码、纯形码、音形码、形音码等，用户需要会拼音或记忆输入码才能使用，一般对于非专业打字的使用者来说，速度较慢，但正确率高；其中好的形音码或音形码则可以做到速度既快，正确率又高。

2．光电扫描输入、OCR 汉字识别技术

光电扫描输入是利用计算机的外部设备——光电扫描仪，首先将印刷体的文本扫描成图像，再通过专用的光学字符识别（OCR，Optical Character Recognition）系统进行文字的识别，将汉字的图像转成文本形式，最后用“文件发送”或“导出”输出到其他文档编辑软件中。这种输入方法的特点是只能用于印刷体文字的输入，要求印刷体文字清晰，才能识别率高。好处是快速、易操作，但受识别系统识别能力的限制，后期要做一些编辑修改工作。

此技术主要用于将手写和打印印刷的内容重新录入。因此，识别的成功和准确率取决于原稿的质量和所用的 OCR 识别软件。

3．汉字语音录入

语音输入也是近年来一种新技术，它的主要功能是用与主机相连的话筒读出汉字的语音，利用语音识别系统分析辨识汉字或词组，把识别后的汉字显示在编辑区中，再通过“发送”功能将编辑区的文字传到其他文档的编辑软件中。语音识别技术的原理是将人的话音转换成声音信号，经过特殊处理，与计算机中已存储的已有声音信号进行比较，然后反馈出识别的结果。这项技术的关键在于将人的话音转换成声音信号的准确性，以及与原有声音信息比较时的智能化程度。语音识别技术是人工智能的有机组成部分。

这种输入的好处是简单易用，符合人们的自然语言习惯。不再用手去输入，只要正确读出汉字的读音即可，但是受每个人汉字发音的限制，不可能完全满足语音识别软件的要求，对使用者的语言表达有较高的要求，因此在实际应用中错误率较键盘输入高。特别是一些专业技术方面的语言，识别系统几乎不能确认，错误率较高。所以该技术目前还需继续完善。

4. 联机手写输入

联机手写输入是近年来发明的一种新技术，手写输入系统一般由硬件和软件两部分构成，硬件部分主要包括电子手写笔和写字板，软件部分是汉字识别系统。使用者只需用与主机相连的书写笔把汉字写在书写板上，写字板中内置的高精密电子信号采集系统，就会将汉字笔迹的信息转换为数字信息，然后传送给识别系统进行汉字识别。利用软件读取书写板上的信息，分析笔画特征，在识别字库中找到这个字，再把识别的汉字显示在编辑区中，通过“发送”功能将编辑区的文字传到其他文档编辑软件中。汉字识别系统的作用是将硬件部分传送来的信息与事先存储好的大量汉字特征信息相比较，从而判断写的是什么汉字，并通过汉字系统在计算机的屏幕上显示出来。这种输入法的好处是只要会写汉字就能输入，不需要记忆汉字的输入码，与日常写字一样，但受识别技术的限制，速度一般。手写输入系统的难点在于汉字笔迹的识别，因为每一个人的书写汉字笔迹都不一样，因此手写笔迹比较系统就必须能允许一定的模糊偏差，才能有较高的识别率。目前已经开发了许多种手写输入系统，简称为“手写笔”系统，有些手写笔可以代替鼠标进行操作。

尽管现在汉字的输入法已经取得了很好的成绩，但还存在着汉字输入方法杂乱、编码不规范等问题。字词库没有统一的标准，部分新方法不成熟等问题都影响着汉字在计算机中处理技术的发展和应用推广，需要广大计算机工作者继续努力。

2.2.2 汉字键盘录入方法分类

根据汉字输入编码形成的不同方式，键盘输入分为：音码输入、形码输入、音形码输入、形音码输入、序号码输入。

1. 音码输入

音码输入是按照汉字的读音进行汉字编码及输入的方法，用的是汉语拼音的全拼或简拼的方式。常见的音码输入方法有智能ABC、微软拼音、QQ拼音和搜狗拼音等。其特点是易上手，适合整句输入，但在输入单个字时重码率较高，易受发音不准的干扰。

2. 形码输入

形码输入是按照汉字的字形进行汉字编码及输入的方法。利用汉字书写的基本顺序将汉字拆分成若干块，对每一块用一个字母进行取码，整个汉字所得的码序列就是这个汉字的形码。

常用的形码输入方法有五笔输入法和郑码等。形码的特点是与读音无关，重码率低、速度快，但不易上手，需进行专门的学习和训练。

3. 音形码输入

音形码输入是利用音码和形码各自的优点，兼顾了汉字的音和形，以音为主，以形为辅，目的是减少编码中死记的部分，提高输入效率，易学易记。如自然码、二笔码等。

4. 形音码输入

形音码输入是利用形码和音码各自的优点，兼顾了汉字的形和音，以形为主，以音为辅，目的是利用“形托（象形）”和“音托（反切）”来减少编码中死记的部分，提高输入效率，易学易记，输入快。如大众形音码，但这种输入法目前不太多见。

5. 序号码输入

序号码输入是利用汉字的国标码作为输入码，用四个数字输入一个汉字或符号。

这种输入法也称为区位码输入法。因为每个汉字都只有一个唯一的编码与之对应，所以这种输入法没有重码的问题，速度快、效率高，但记忆大量的汉字编码对普通用户来说几乎是不可能完成的。

2.3 计算机汉字处理流程

计算机汉字处理过程可分为以下几个步骤：

1. 输入法的切换

在计算机的应用中，多数情况下键盘的默认状态是英文输入。当需要输入汉字时，我们要把键盘切换到汉字输入状态，方法是按下<Ctrl+Space>键。

具体的切换方法是：按下“Ctrl+Shift”键，将在系统所安装的所有输入法间循环切换，直到切换到自己需要的输入法，前提是该输入法在系统中已经安装；也可用鼠标单击系统状态栏右边的输入法图标，然后在弹出的输入法菜单中选择自己要用的输入法。

2. 输入后汉字的处理

输入的汉字将转换为汉字内码，计算机汉字处理实际上处理的是汉字内码，计算机可对汉字内码进行存储、运算和传递等操作，以完成相关的处理工作。

3. 汉字的输出

经过处理的汉字，将根据内码算出其在汉字字库中的地址并检索出该汉字的字形点阵，再将字形点阵送往显示器和打印机等输出设备输出汉字。

2.4 总结

本章主要介绍了汉字在计算机中不同于其他字符的处理方法和一些基本知识，通过学习本章的内容，我们知道了汉字的特点、汉字编码、汉字输入法以及汉字处理的基本知识和流程；了解了不同字符的编码、不同类形的汉字输入法和汉字的处理流程。虽然不要求全面系统地熟练掌握，但是必须去了解，因为这部分知识能很大程度上提高我们的汉字录入和处理能力。

第 3 章　五笔字形输入法

当前，面对众多各具特色的输入法，你在选择时是不是觉得有点不知所措呢？其实，通过上一章的学习，我们知道各种输入法都具有不同的优点。本章我们将学习目前应用最广的五笔字形输入法。

本章将教给你

- 认识汉字的基本结构
- 牢记五笔字根
- 根据五笔输入法拆分汉字

学完本章后你应该

- 了解汉字编码的规则
- 认识汉字的构成
- 掌握五笔字形的字根
- 熟练地对汉字进行拆分

五笔字形输入法是形码输入，它将汉字拆分成若干块，无论多么复杂的汉字，最多只需击四键即可输入计算机，重码率低，便于盲打，输入速度较音码要快得多。但由于它的拆分规则比较特殊，熟练掌握需要进行努力的学习和训练才行。

3.1　汉字的基本结构

汉字结构分为字形结构、逻辑结构和技术结构。在五笔字形输入法中，将汉字的字形结构分为左右形、上下形和杂合形三种。

1. 左右形

左右形指可以按自左至右的顺序划分为不同部分的字形结构，又可以分为左右形和左中右形。

左右形的汉字如相、汉、的、结、构等。

左中右形的汉字如侧、倒、微、树、墩等。

2. 上下形

上下形指可以按自上至下的顺序纵向划分为不同部分的字形结构，又可以分为上下形和上中下形。

上下形的汉字如字、至、型、节、杂、晋等。

上中下形的汉字如黄、莫、幕、桌、意、器、竟等。

3．杂合形

杂合形是指组成整字的各部分之间没有简单明确的左右或上下关系。在五笔字形汉字结构的划分中，必须着重注意下面几个约定：

1）凡单笔画与字根相连者或带点结构都视为杂合形。

2）汉字结构区分时，也要按“能散不连”的原则来进行。如“矢、卡、严”都视为上下形。

3）含两字根且相交者属杂合形，如“乐、串、电、本、无、农”。

4）下含“走之”字为杂合形，如“进、过、遂”等。

5）以下各字为杂合形：司、床、厅、龙、尼、式、后、处等，但相似的右、左、有、布、灰等可视为上下形。

3.2 汉字的构成

一个方块汉字是由较小的“块”拼合而成的，如明—— 日和月、李——木和子。这些“小方块”如日、月、金、木、人、口等，就是构成汉字的基本，也就是最根本的单位，在五笔输入法中把这些“小方块”称作“字根”，意思是汉字之本。“五笔字形”确定的字根有 130 种。字根又是由什么构成的呢？试着拿起笔写一写就知道，字根是由笔画构成的。所以在五笔输入法中认为，汉字是由笔画、字根和成字这三个部分构成的。

3.2.1 笔画

1．笔画的定义

书写汉字时，一笔写成的一个连续不断的线段。

1）两笔写成者不叫笔画，如“十、口”等，只能叫笔画结构。

2）一个连贯的笔画，不能断开成几段来处理。

2．汉字的基本笔画分为以下 5 种

这 5 种笔画分别以 1、2、3、4、5 作为代号，见表 3-1。

表 3-1 笔画列表

代 号	笔画名称	笔画走向	笔画及其变形
1	横	左→右	一
2	竖	上↓下	丨
3	撇	右上↙左下	丿
4	捺	左上↘右下	丶
5	折	带转折	乙

注：1．提笔属于横。

2．点笔“丶”属于捺。

3．竖笔向左带钩属于竖“亅”。

3.2.2 字根

汉字都是由笔画或部首组成的。在五笔输入法中为了输入这些汉字，我们把汉字拆成一些最常用的基本组成单位，叫做字根，大多数字根就是汉字的偏旁和部首，像两点水、三点水、王字旁、火字底等。也有一些字根是开发者根据需要自行规定的，可能是部首的一部分，也可能是基本笔画。最终共得到了 130 个基本字根。

3.2.3 汉字的字形

在五笔字形中，汉字的字形就是指汉字的字形结构。依据前面所讲，汉字的字形可分为左右形、上下形和杂合形三种，并给这三种字形分别规定了不同的代码，其中左右形为“1”、上下形为“2”、杂合形为“3”。

3.3 五笔字形的字根键盘

五笔字形的字根键盘图如图 3-1 所示。

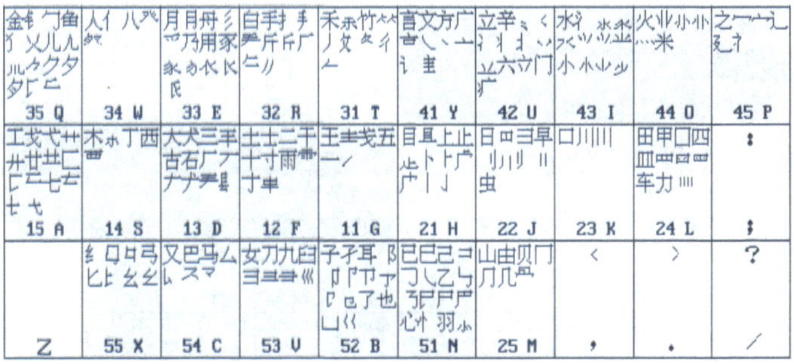

图 3-1 字根键盘图

3.3.1 字根键盘的概念

得到这 130 个字根后，把它们按一定的规律分类，再把这些字根依据使用频度科学地分配在键盘的不同键位上，这样键盘上的每个键就成为了输入汉字的基本单位。常用的键盘就成了五笔输入法中的字根键盘。

3.3.2 键盘的分区划分

按照每个字根的起笔笔画，把这些字根分为五个“区”。以横起笔的在 1 区，对应键盘上从字母 G 到 A 的位置；以竖起笔的在 2 区，对应键盘上从字母 H 到 L，再加上 M 的位置；以撇起笔的在 3 区，对应键盘上从字母 T 到 Q 的位置；以捺起笔的叫 4 区，对应键盘上从字母 Y 到 P 的位置；以折起笔的叫 5 区，对应键盘上从字母 N 到 X 的位置，如图 3-2 所示。

每个区的五个键又分为5个位，一个字母占一个位置，简称一个“位”。每个区有五个位，位号从键盘中部起，向左右两端顺序排列编号，就叫区位号。比如1区顺序是从G到A，G为1区第1位，它的区位号就是11，F为1区第2位，区位号就是12。尽量考虑字根的第二个笔画，将同一笔画起笔的字根分布到不同的位。这样便形成有5个区，每区5个位，即5×5=25个键位的一个字根键盘，这就是分区划位的“五笔字形”字根键盘。“五笔字形”字根键盘的键位代码（即字根的编码），既可以用区位号（11～55）来表示，也可以用对应的英文字母来表示，如图3-3所示。

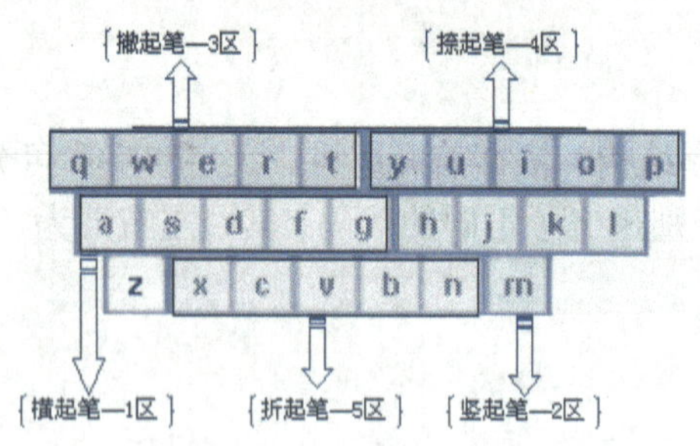

图3-2　字根键盘的分区

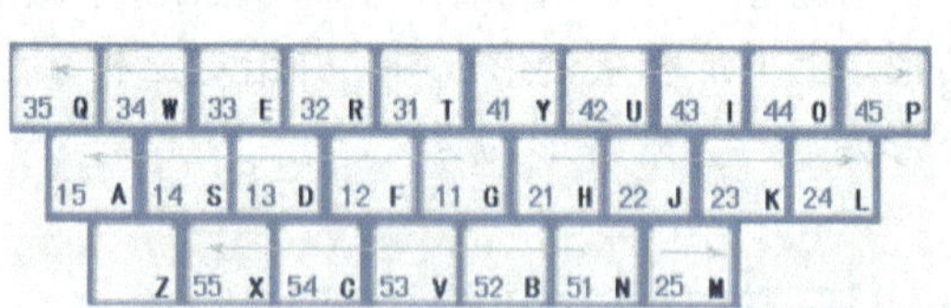

图3-3　字根键盘的区位号对应图

3.3.3　字根分布规律

五笔字型字根分布如图3-4所示。

金 钅 鱼 勹 犭 乂 夕 儿 35 Q	人 亻 八 34 W	月 用 彡 乃 豕 衣 33 E	白 手 扌 斤 32 R	禾 竹 丿 攵 彳 31 T	言 讠 文 方 广 丶 亠 41 Y	立 六 辛 冫 丬 疒 门 42 U	水 氵 小 43 I	火 灬 米 44 O	之 辶 廴 冖 宀 礻 45 P
工 匚 廿 七 弋 戈 15 A	木 丁 西 14 S	大 犬 古 三 石 厂 13 D	土 士 干 二 十 雨 寸 12 F	王 一 五 戋 11 G	目 且 卜 上 止 21 H	日 刂 早 虫 22 J	口 川 23 K	田 甲 囗 四 皿 车 力 24 L	: ;
Z	纟 幺 弓 匕 55 X	又 厶 巴 马 54 C	女 刀 九 巛 彐 臼 53 V	子 孑 了 也 耳 阝 卩 凵 52 B	已 己 巳 乙 尸 心 忄 羽 51 N	山 由 贝 冂 几 25 M	< ,	> .	? /

图3-4　五笔字型字根分布图

五笔字型键盘设计和字根排列的规律性可总结为：

1）字根的第一个笔画的代号与其所在的区号一致，“禾、白、月、人、金”的首笔为撇，撇的代号为3，故它们都在3区。

2）一般来说，字根的第二个笔画代号与其所在的位号一致，如“土、白、门”的第二笔为竖，竖的代号为2，故它们的位号都为2。

3）单笔画“一、丨、丿、乙”等都在第1位，两个单笔画的复合笔画“二、巜、冫”等都在第2位，三个单笔画复合起来的字根“三、彡、氵、巛”等其位号都是3。

4）在同一键上的字根在字源或形态上相近。比如“P”键，键名字根是“之”，所以“辶、廴”等字根也在这个键里，就连这个“礻”和它长得也挺像；再看“W”键，里面的“人、八、癶、夕”这四个字根形态都差不多；还有这个“B”键，里面的“阝、卩”很容易让你联想到字母 B。

也不是所有的字根都符合这些规律，一些特殊的字根需要专门去记忆。

3.3.4 字根助记词

为了帮助记忆，通过对字根分布规律的总结得到了字根助记词，只要将此字根助记词理解并牢记就可以帮助快速记忆字根键盘。

五笔助记词—86 版：

一区

11（G）王旁青头戋（兼）五一，

12（F）土士二干十寸雨。二一还有革字底

13（D）大犬三羊古石厂，羊有直斜套去大，（“羊”指羊字底）

14（S）木丁西，

15（A）工戈草头右框七。（“草头”指“廾”，“右框”即“匚”）

二区

21（H）目具上止卜虎皮，（“具上”指具字的上部）

22（J）日早两竖与虫依。

23（K）口与川，字根稀，

24（L）田甲方框四车力。（“方框”即“囗”）

25（M）山由贝，下框几。（“下框”即“冂”）

三区

31（T）禾竹一撇双人立，反文条头共三一。（“双人立”即“彳”，“条头”即“夂”）

32（R）白手看头三二斤，（“看头”即看的上边，也是“手”）

33（E）月彡（衫）乃用家衣底。（“家衣底”即“豕”）

34（W）人和八，三四里，（“人”和“八”在 34 里边）

35（Q）金勺缺点无尾鱼，犬旁留叉儿一点夕，氏无七（妻）。

（“勺缺点”指“勹”，犬旁句指“犭”、“儿”、“夕”，氏无妻指“氏”去掉“七”）

四区

41（Y）言文方广在四一，高头一捺谁人去。

42（U）立辛两点六门病，（“病”即“疒”）

43（I）水旁兴头小倒立。（“水旁”指“氵”）

44（O）火业头，四点米，

45（P）之字军盖建道底，摘礻（示）衤（衣）。

（即“之、宀、冖、廴、辶”，“礻、衤”摘除右边的点）。

五区

51（N）已半巳满不出己，左框折尸心和羽。
52（B）子耳了也框向上。（“框向上”即“凵”）
53（V）女刀九臼山朝西。（“山朝西”即“彐”）
54（C）又巴马，丢矢矣，（“矣”去“矢”为“厶”）
55（X）慈母无心弓和匕，幼无力。（“幼”无“力”为“幺”）

3.4 汉字的拆分

熟记了字根键盘后，学习五笔字形输入法的下一个重要步骤就是如何将待输入的汉字分解成一个个小的基本组成部分，也就是字根，从而得到五笔输入编码。这个过程就是汉字的拆分。

3.4.1 键内字和键外字

在五笔字形输入法中，键内字和键外字的拆分和输入有很大的不同，下面分别讲解。

（1）键内字：指在五笔字根键上能独立成字的字根。

键内字又可分为以下几类：

1）键名字：

定义：在字根键上，第一个成字的字根。（X 键除外）

输入方法：报四次户口。（敲四下所在键）

2）单笔画：

如一、乙、丶、丨、丿。

输入方法：报两次户口+LL。例如，“乙”的编码就是“NNLL”。

3）成字字根：

定义：除键名字和单笔画外的键内字。

输入方法：户口+第一笔画所在键+第二笔画所在键+末笔画所在键。关于末笔的规定：

① 全包围、半包围的汉字，末笔取内部的末笔。如：国。

② 形如：戈、戋，末笔取“撇”不取“点”。

③ 形如：力、九、匕、乃，末笔取“折”不取“撇”。

（2）键外字：是指除键内字以外的汉字。

键外字都是由多个基本字根组成的，所以又可称之为合体字。需要按拆分原则进行拆分，从而得到输入编码。

3.4.2 拆分原则

对于键外字，在进行拆分时需遵循以下的拆分原则：

1．书写顺序

拆分时，一定要按照正确的书写顺序进行。例如，“新”只能拆成“立、木、斤”，不能拆成“立、斤、木”；“中”只能拆成“口、丨”，不能拆成“丨、口”；“夷”只能拆成“一、弓、人”，不能拆成“大、弓”。

2．取大优先

“取大优先”，也叫做“优先取大”。按书写顺序拆分汉字时，应以“再添一个笔画便不能称其为字根”为限，每次都拆取一个“尽可能大”的，即尽可能笔画多的字根。

例 1：世：第一种拆法：一、凵、乙（误）

第二种拆法：廿、乙（正）

显然，前者是错误的，因为其第二个字根“凵”，完全可以向前“凑”到“一”上，形成一个“更大”的已知字根“廿”。

例 2：制：第一种拆法：𠂉、一、冂、丨、刂（误）

第二种拆法：　、冂、丨、刂（正）

同样，第一种拆法是错误的。因为第二码的“一”，完全可以向前“凑”，与第一个字根“𠂉”凑成“更大”一点的字根“𠂉”。总之，“取大优先”，俗称“尽量往前凑”，是汉字拆分中最常用到的基本原则。至于什么才算“大”，“大”到什么程度才到“边”，等熟悉了字根总表，便不会出错误了。

3．兼顾直观

在拆分汉字时，为了照顾汉字字根的完整性，有时不得不暂且牺牲一下“书写顺序”和“取大优先”的原则，形成个别例外的情况。

例 1：国：按“书写顺序”应拆成：“冂、王、丶、一”，但这样便破坏了汉字构造的直观性，故只好违背“书写顺序”，拆成“口、王、丶”了。

例 2：自：按“取大优先”应拆成：“亻、乙、三”，但这样拆，不仅不直观，而且也有悖于“自”字的字源（这个字的字源是“一个手指指着鼻子”），故只能拆作“丿、目”，这叫做“兼顾直观”。

4．能散不连

笔画和字根之间，字根与字根之间的关系，可以分为“散”、“连”和“交”的三种关系。

如倡：三个字根之间是“散”的关系；

自：首笔“丿”与“目”之间是“连”的关系；

夷：“一”、“弓”与“人”是“交”的关系。

有时候一个汉字被拆成的几个部分都是复笔字根（不是单笔画），它们之间的关系，在“散”和“连”之间模棱两可。当遇到这种既能“散”，又能“连”的情况时，我们规定：只要不是单笔画，一律按“能散不连”判别之。如以下两例中的“占”和“严”，都被认为是“上下型”字（2 型）。

例 1：占：卜口两者按“连”处理，便是杂合型（3 型、错误）。

两者按“散”处理，便是上下型（2 型、正确）。

例 2：非：三 刂 三按“散”处理，便是左右型（1 型、正确）。

5．能连不交：请看以下拆分实例

于：一 十（二者是相连的、正确）二 丨（二者是相交的、错误）

丑：乙 土（二者是相连的、正确）刀 二（二者是相交的、错误）

当一个字既可拆成相连的几个部分，也可拆成相交的几个部分时，我们认为“相连”的拆法是正确的。因为一般来说，“连”比“交”更为“直观”。

3.5 五笔字形的汉字编码

五笔字形的输入法中一个汉字的完整编码一般由四个键组成。下面详细讲解。

3.5.1 键内字的编码

1．键名字

五笔字形中规定的键名汉字共有 25 个“王土大木工目日口田山禾白月人金言立水火之已子女又纟”。

25 个键名汉字分别与 25 个字母键相对应，这些字的编码相当简单，它们的编码就是 4 个所在字母键字母，如“言”字的编码为“YYYY”，“纟”的编码为“XXXX”，“王”字的编码为“GGGG”等。所以在输入键名汉字时，只要连续敲击四次该字所在的字母键即可。

2．单笔画

五个单笔画也作为汉字对待，分别是：“一、丨、丿、丶、乙”。单笔画的输入编码组成为“报两次户口+LL”，如：“丿”的编码为“TTLL”，“丨”的编码为“HHLL”。

3．成字字根

成字字根的输入编码组成为：先报户口+第一笔划所在键+第二笔划所在键+末笔划所在键。如“雨”字的编码为“FGHY”，“甲”字的编码为“LHNH”。

3.5.2 键外字的编码

键外字就是指除键内字以外的汉字，这些汉字我们先根据前面所讲的汉字拆分原则进行拆分，然后将拆分所得的字根所对应的键组合就可以得到输入编码，根据汉字所含字根的多少可分为两种情形。

1．“四字根及多字根”汉字

“四字根及多字根”汉字是指拆分后可得到四个或四个以上字根的汉字。

它们的输入编码由一、二、三及末字根所在键组合起来而构成。

如“编”——“XYNA”，“歌”——“SKSW”

2．“不足四字根”的汉字

“不足四字根”是指字拆分后其字根不足四个。

这些汉字其输入编码为：先打完字根码，再追加一个“末笔字形识别码”，简称“识别码”。

识别码的获得规则：“末笔”代号加“字形”代号而构成的一个附加码。

如：“叭”——“口、八、T（41 键）”，因为最后一笔为“、”笔、代码为“4”，且该字字形为左右形、代码为“1”，所以识别码为“41”、对应“T”键。

“自”——“丿、目、D（13 键）”，因为最后一笔为“一”笔、代码为“1”，且该字字形为杂合形、代码为“3”，所以识别码为“13”、对应“D”键。

其他情形见表 3-2 所示的末笔字形交叉识别码码表。

表 3-2　末笔字形交叉识别码码表

字形 / 末笔	左　右 1	上　下 2	杂　合 3
一 1	11（G）	12（F）	13（D）
丨 2	21（H）	22（J）	23（K）
丿 3	31（T）	32（R）	33（E）
丶 4	41（Y）	42（U）	43（I）
乙 5	51（N）	52（B）	53（V）

关于“末笔”的几项说明：

1）关于“力、刀、九、匕”。鉴于这些字根的笔顺常常因人而异，“五笔字形”中特别规定，当它们参加“识别”时，一律以其“伸”得最长的“折”笔作为末笔。

如男：田 力（末笔为“乙”，2 形）

　花：艹 亻 匕（末笔为“乙”，2 形）

2）带“方框”的“国、团”与带走之的“进、远、延”等，因为是一个部分被另一个部分包围，我们规定：视被包围部分的“末笔”为“末笔”。

如进：二 刂 辶（末笔“丨”3 形，）

　远：二 儿 辶（末笔“乙”3 形，）

　团：口 十 丿（末笔“丿”3 形，）

　哉：十 戈 口（末笔“一”3 形，）

3）“我”“戋”“成”等字的“末笔”，由于因人而异，故遵从“从上到下”的原则，一律规定撇“丿”为其末笔。

如我：丿 扌 乙 丿（TRNT，取一二三末，只取 4 码）

　戋：戋 一 一 丿（GGGT，成字根，先“报户口”再取 1、2、末笔）

　成：厂 乙 乙 丿（DNNT，取一二三末，只取 4 码）

4）单独点：对于“义、太、勺”等字中的“单独点”，离字根的距离很难确定，可远可近，我们干脆认为这种“单独点”与其附近的字根是“相连”的。既然“连”在一起，便属于杂合形（3 形）。其中“义”的笔顺，还需按上述“从上到下”的原则，认为是“先点后撇”。

如义：丶 氵（末笔为“丶”3 型）

太：大 丶 氵（末笔为“丶”3 型）

勺：勹 丶 氵（末笔为“丶”3 型）

3.5.3 编码流程图和歌诀

1）根据五笔字型输入法的编码过程，可绘出如图 3-5 所示的五笔编码流程图，以帮助学习。

2）五笔字型编码歌诀。掌握汉字的编码规则，熟悉每个汉字的编码，是五笔字型输入的基础，下面是五笔字型编码规则助记歌诀：

五笔字型均直观，依照笔顺把码编；

键名汉字打四下，基本字根请照搬；

一二三末取四码，顺序拆分大优先；

不足四码要注意，交叉识别补后边。

从这首歌诀就可以看出五笔字型编码规则的大致面貌，熟记歌诀有助于我们快速掌握五笔字型输入法的汉字编码规则。

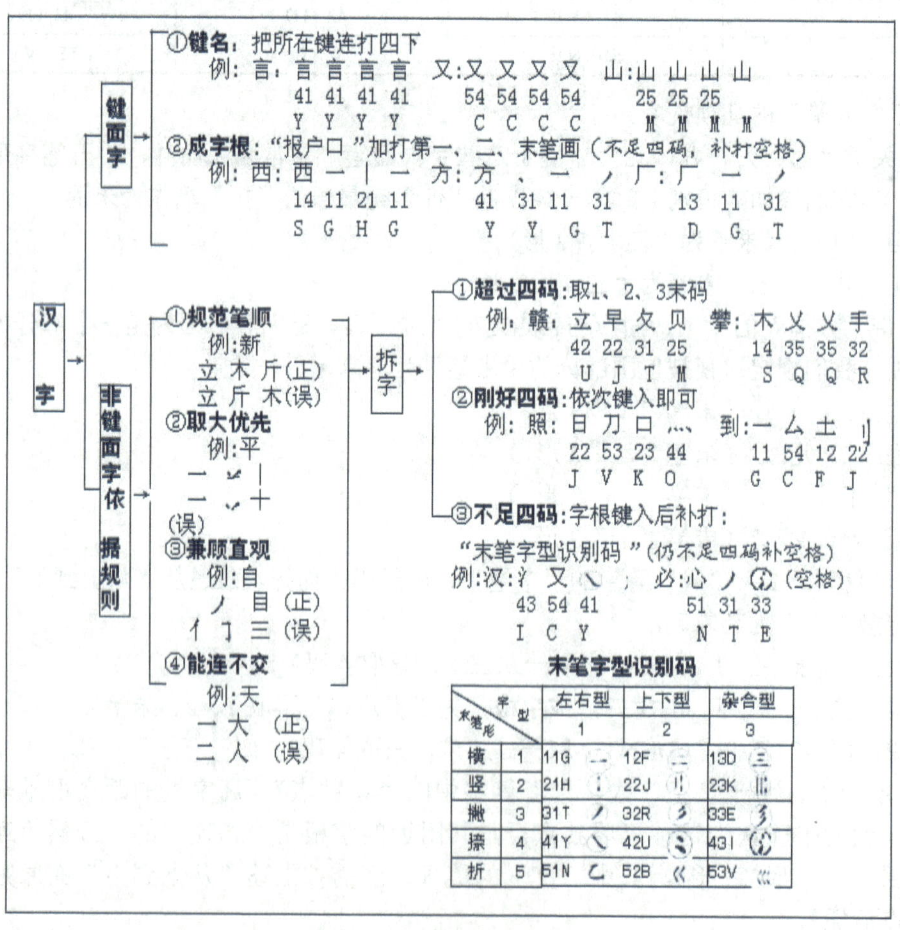

图 3-5 五笔编码流程图

3.6 简码、重码和容错码

3.6.1 简码

在日常应用中，有部分汉字的使用频度会非常高，若在输入这些汉字时能少输入几个键，则会节省时间提高效率。五笔字形输入法中，根据汉字使用频度的不同，设置了不同的“简码”以达到节省时间提高效率的目的。

1. 一级简码

在五笔中，挑出了在汉语中使用频率最高的 25 个汉字“一地在要工，上是中国同，和的有人我，主产不为这，民了发以经”，把它们分布在键盘的 25 个字母上，并称为一级简码。输入一级简码的方法是：按一下简码字所在的键，再按一下空格键。

一级简码的键盘分布的规律是：基本上都含有所在键上的字根，如“中”在<K>键位上，有“口”这个字根；“地”在<F>键上，有“土”字根等。只有“我、为”两个高频字没有所在键上的字根，需要单独记忆。

2. 二级简码

我们进行单字输入时，有些汉字的使用频率仅次于一级简码，称为二级简码，记住了这些字，在输入过程中会事半功倍。它们有将近 600 个，出现频率是 60%。二级简码的编码是：取这个字的第一、第二笔代码，再按空格键。

如“睡”字，把它拆成“目、丿、一、士”，全码为 HTGF。而现在只要按下 HT，再按空格键，就可以输入这个字了。“风”字，全码是 MQI，其中 I 为识别码。其实只要键入 MQ 就可以输入这个字了，不用再判断它的识别码。

3. 三级简码

当一个汉字的前三个字根编码在五笔中是唯一的，这个字就可以作为三级简码来输入。在汉字中，三级简码一共有 4 000 多个。

三级简码的输入方法是敲击前三个字根代码再加空格键。虽然加上空格键后，这个字也要敲四下，但因为有很多字不用再判断识别码，这无形中提高了输入速度。

如“唐”字的全码是 YVHK，简码就是 YVH。

“费”字的全码是 XJMU，简码为 XJM。

在五笔中，由于这些简码的存在，单字录入一篇文章，平均每个字码长只有 2.6，就是说你每输入两个字，只需要敲 5 下键。只有很少的一些字才需要敲全四个码。所以我们在练习中要强化简码输入，提高输入效率。

3.6.2 重码

有些字的“五笔字形”编码会完全一样，如“衣”：（YEU）和“哀”：（YEU）；“枯”：

（SDG）和“柘”：（SDG），这种情况称为“重码”。

当输入重码字的外码时，重码的字会同时出现在屏幕的“提示行”中，如所要输入的字在第 1 个位置上，则只需输入下文，该字即可自动跳到光标所在的位置上；如果所要输入的字在第 2 个位置上，则可按字母键上方的数字键 2，即可将所要的字挑选到屏幕上。“五笔字形”的重码本来就很少，加上重码在提示行中的位置是按其频度排列的，常用字总是在前边，所以，实际需要挑选的机会极少，平均输入 1 万个字，才需要挑 2 次。

“L”的用法：所有显示在后边的重码字，将其最后一个编码人为地修改为“L”，使其有一个唯一的编码，按这个码输入，便不需要挑选了。

如“喜”和“嘉”的编码都是 FKUK。现将最后一个“K”改为“L”，FKUL 就作为“嘉”的唯一编码了（“喜”虽是重码，但不需要挑选，也相当于唯一码）。

3.6.3 容错码

容错码有两个含义：其一是容易弄错的码，其二是容许弄错的码。“容易”弄错的码，容许你按照错误的方式输入，谓之“容错码”。“五笔字形”输入法中的“容错码”目前有将近 1 000 个，使用者还可以自己再建立。“容错码”主要有以下两种类型：

（1）拆分容错：个别汉字的书写顺序因人而异，因而容易弄错者。

如“长”的正确码为（TAYI）丿 七 丶 氵；也可以输入容错码，“长”：（ATYI）七 丿 丶 氵（容错码）；“长”：（tghy）丿 一 丨 丶（容错码）；“长”：（ghty）一 丨 丿 丶（容错码）

又如“秉”：（TVI）丿 一 彐 小（正确码）“秉”：（TVI）禾 彐 氵（容错码）

（2）字形容错：个别汉字的字形分类不易确定者。

如：占：口 二（正确码）　占：口 三（容错码）

　　右：口 二（正确码）　右：口 三（容错码）

3.6.4 助学键“Z”

在字根键盘上，<Z>键上没有字根。在五笔字形输入法中，这个键是不是没用呢？答案是否定的。这个键在五笔字形输入法中叫“学习键”或“助学键”。它的作用就像通配符“？”。也就是说在输入汉字时，当遇到需要输入识别码，却不能确定字形的分类时，可以用<Z>键来代替。计算机会把可能的汉字都显示出来以供选择，这就可以帮助我们掌握不确定的编码，所以叫“助学键”。

3.7 词语的输入

输入文章时，会遇到大量的词汇，而我们前面所讲的都是单字的输入方法。使用五笔，如果只是一个字一个字地输入，那么你的极限为每分钟 120 个汉字。为进一步提高汉字输入速度，我们可以采用词汇输入的方法，也就是直接输入词的代码。

1. 二字词的编码

其取码方法为：每字取其全码的前两码组成，共四码。

如“热爱”这个词，是在输入时取每个字的前两个字根的代码，然后合在一起输入，还是敲四下键。这两个字都是由四个字根组成的，取每个字的前两个字根，代码就是 RVEP，这个词就出来了。

又如“经济”：（XCIY）——纟 又 氵 文

2. 三字词的编码

其编码方法为：前两字各取一码，最后一字取两码，共四码。

如“计算机”：讠 竹 木 几（YTSM）

“操作员”：扌 亻 口 贝（RWKM）

3. 四字词的编码

其编码方法为：每字各取全码的第一码，共四码。

如“汉字编码”：氵 宀 纟 石（IPXD）

“王码电脑”：王 石 曰 月（GDJE）

4. 多字词的编码

其编码方法为：取第一、二、三及末一个汉字的第一码，共四码。

如“电子计算机”：曰 子 讠 木（JBYS）

“中华人民共和国”：口 亻 人 囗（KWWL）

“五笔字形计算机汉字输入技术”：五 竹 宀 木（GTGS）

在 Windows 版五笔字形输入法中，系统为用户提供了 15 000 条常用词组，此外，用户还可以使用系统提供的造词软件另造新词，或直接在编辑文本的过程中从屏幕上“取字造词”，所有新造的词，系统都会自动给出正确的输入外码合并入原词库统一使用。

3.8 王码

3.8.1 简介

1983 年，发明于东方文化和文字传统、融汇于西方科学的五笔字形冲出了瓶颈，打破了沉寂，首次使汉字输入电脑的速度，突破了每分钟百字大关。汉字输入不能与西文相比的时代一去不复返了。

目前，“五笔字形”为全国 90%以上的电脑用户、百万之多的工作人员所使用。“五笔字形”输入法是一种完全依照汉字的字形，不计读音，不受方言和地域限制，只用标准英文键盘的 25 个字母键，便能够以“字词兼容”的方式，高效率地向计算机输入汉字的编码方法及其软件。而这一切都要归功于一个人，那就是五笔字形的发明人王永民教授。

“五笔字形”是王永民教授依据形码设计原理而实现的一个开创性技术方案。编码规则简单明了，重码少，5 区 25 个键位井井有条，规律性强，字词兼容，简繁通用，效率高。1998 年京城地区大赛的输入速度为每分钟 293 个汉字。

3.8.2 王码键盘与码元布局

98 王码仍把所有的码元安排在 25 个字母键上，把这些键位分成五个区，每区 5 个键位，这与 86 版五笔字型中的安排完全相同。只不过多了一些码元，因此每个键位上的码元都有了变化。每个键的中文键名仍然在键的左上角，主码元都印得较大，次码元都印得较小，每个键的区位号与英文键名仍然印在键的下方中央，除了每个键上的码元有些变化外，其余都没有变。

3.8.3 98 王码与 86 版五笔字型的异同

现在流行的五笔字型有 86 版和 98 版两种，98 版是在 86 版的基础上进行改进后推出的，字根的排列同 86 版有些区别，布局更合理一些，改进了一些原来不合理的地方，但编码方法是一致的，用户可根据自己的爱好和习惯择优选用。

下面介绍 98 王码与 86 五笔字型的不同之处。

1）98 王码比五笔字型增加了不少码元。除了新增加的主要码元外，还有一些原来的字根变换了键位或被取消。98 王码的码元表（依助记词排序）如图 3-6 所示。

分区	区位	键位	识别码	标识码元	键名↓	码元	助记词	高频字
1区横起	11	G	㊀	一 ㇀	王	主 五 夫 丰	王旁青头五夫一	一
	12	F	㊁	二	土	士 干 十 寸 未 甘 雨	土士干十寸未甘雨	地
	13	D	㊂	三	大	犬 戊 其 镸 古 石 厂 𠂇	大犬戊其古石厂	在
	14	S			木	丁 西 甫	木丁西甫一四里	要
	15	A			工	戈 廿 匚 七 弋	工戈草头右框七	工
2区竖起	21	H	丨⃝	丨 亅	目	上 卜 止 虍 且	目上卜止虎头具	上
	22	J	刂⃝	刂 丨丨	日	曰 早 虫	日早两竖与虫依	是
	23	K	川⃝	川 儿	口		口中两川三个竖	中
	24	L		丨丨丨丨	田	甲 囗 四 皿 车	田甲方框四车里	国
	25	M			山	由 贝 冂 几	山由贝骨下框集	同
3区撇起	31	T	丿⃝	丿 𠂉	禾	竹 攵 夂 彳	禾竹反文双人立	和
	32	R	彡⃝	㇒ 厂	白	斤 气 丘 乂 手 扌	白斤气丘叉手提	的
	33	E	彡⃝	彡	月	用 力 豕 毛 衣 臼	月用力豸毛衣臼	有
	34	W			人	亻 八 癶 几	人八登头单人儿	人
	35	Q			金	钅 夕 𠂊 勹 厂 鸟 儿 鱼　犭丿⃝	金夕鸟儿犭边鱼	我
4区点起	41	Y	丶⃝	丶 ㇏	言	讠 文 方 亠 主	言文方点谁人去	主
	42	U	冫⃝	冫 丷	立	辛 六 羊 丬 疒 门 爿	立辛六羊病门里	产
	43	I	氵⃝	氵 ⺌	水	氺 小	水族三点鳖头小	不
	44	O		灬	火	业 广 米	火业广鹿四点米	为
	45	P			之	辶 廴 宀 冖　礻丶⃝ 衤冫⃝	之字宝盖补礻衤	这
5区折起	51	N	乙⃝	乙	已	己 巳 コ 尸 心 忄 羽	已类左框心尸羽	民
	52	B	《⃝	《	子	孑 阝 耳 卩 了 也 乃 凵 皮	子耳了也乃框皮	了
	53	V	巛⃝	巛	女	刀 九 艮 彐	女刀九艮山西倒	发
	54	C			又	ス マ 厶 巴 牛 马	又巴牛厶马失蹄	以
	55	X			幺	纟 母 弓 匕	幺母贯头弓和匕	经
"乙"代表的各类折笔					顺时针	㇁ ㇆ ㇇ ㇖ ㇈ ㇉ ㇌ ㇋ ㇎	补码码元	
					反时针	㇄ ㇗ ㄥ ㇙ ㇛ ㇜ ㇞	犭丿⃝ 礻丶⃝ 衤冫⃝	

图 3-6　98 王码简体码元表

2）98 王码能处理的汉字多于五笔字形。它使用“小写输入简体、大写输入繁体”的新技术，所以它不仅能处理国标汉字库中的 6 736 个汉字，还能处理 BIG5 中的 13 053 个繁体字和大字符集中的 21 003 个字符，适用范围远大于原来的五笔字形。

3）码元的选取更加规范。由于增加了一些码元，所以原来需要拆分的一些字根现在都可以作为一个码元使用了。98 王码的码元与笔顺更趋规范。

3.8.4 98 王码的造词功能

在 98 王码中设置了 15 000 条词语，除此之外，用户还可以根据需要自行造词，或从屏幕上取字造词，所有新造的词组，系统会自动按编码规则编制该词的正确输入码，并将其归入原来的词库，以备使用。如果能巧妙使用王码 98 版造词功能，将能大大提高输入速度。

造词功能的操作：选中对象，再点击 98 王码输入图标的“词”。对象不能超过 19 个字。第 1、2、3 和最后一个字不能为阿拉伯数字和英文字母。夹在词组中的阿拉伯数字和英文字母先设置为大写。

通常有以下两大类造词过程：

1）随机式：在输入文字的过程中，见到常用的高频词就选中造词。

2）计划式；先将常用的高频词按其类别输入到 Word 文档中，然后再集中造词。

3.9 智能五笔

智能五笔是一套功能强大的汉字输入软件，它内置了直接支持国家 GB 18030 标准，能输出 27 000 多个汉字编码的五笔，可输出“镕”、“祎”、“堃”等不常用的汉字，是能输出汉字最多的五笔输入法。更具实用的陈桥拼音（增加了笔画输入），具有智能提示、语句输入、语句提示及简化输入、智能选词等多项非常实用的独特技术，支持繁体汉字输出、各种符号输出、大五码汉字输出，内含丰富的词库和强大的词库管理功能。灵活强大的参数设置功能，可使绝大部分人都能称心地使用本软件。

智能五笔同时全面提升了陈桥拼音功能，可实行字、词、句混合输入，具有比智能五笔更为强大的智能处理功能，使陈桥拼音可单独成为一个非常好的拼音输入法。它增加了新的窗口格式，进一步增加了系统功能，具有智能语句的删除功能，使用户不再为删除语句而烦恼。

3.9.1 智能五笔的设置

个性化设置

智能陈桥五笔为了进一步方便各种人员对智能陈桥系统的快速简化设置操作，特别增加了个性设置功能。该功能分为四类，即办公写作五笔、网上聊天人员、五笔专业录入五笔和初学新五笔，用户只需要根据自己的情况选择一种适合自己的设置即可进行操作。通过鼠标右键单击五笔状态提示窗口区域，系统将弹出快捷菜单，菜单包括辅助功能、个性设置、参数设置、帮助信息和用户注册等功能，根据需要进行选择即可。

3.9.2 智能化输入

1．智能自动选词

智能陈桥可自动记录用户的操作习惯，形成习惯数据。智能自动选词功能就是对这些数据进行分析处理，来对重码词组进行选择的。但是，要求用户使用一段时间后，系统才逐步具有智能自动选词功能。

2．智能语句输入

在输入一篇文章的过程中经常有许多重复使用的词，有些词句不是词库中的常用词，如地名、人名、单位、专业术语等，采用传统的输入方法，只能一个字一个字地输入。智能语句输入功能是智能陈桥系统最具特色的功能，可以输入 3～20 个字左右的语句。

1）智能转换键：分号键“;”为智能输入转换键，此时要输入标点符号就要连续按两下分号键。

2）智能语句输入的编码规则是：“;”+要输入语句每一汉字的第一码+空格键。如输入编码“; avibfyporsis_”将输出“甘肃省陇南市农业技术学校”,（“_”为空格键）。

3.9.3 输入非常用汉字

智能五笔支持 GB 18030 国家标准，能直接输出 27 000 多个汉字的五笔编码，基本避免了使用五笔字形输入法打不出非常用汉字的情况。

输入非常用汉字时要将个性设置参数设置为“办公写作人员”，将汉字输出参数设置中的“GB 18030 标准汉字输出设置”设置为“小写编码输出全部汉字”，将汉字输出参数设置中的“大写编码输出大写字母”设置成非选中状态，即可输入非常用汉字。如果用户不做以上设置，又要通过正确的编码来输出少数几个常用的非常用汉字，可采用自定义编码来输入非常用汉字。通过功能“自定义字词功能”定义汉字编码，然后即可按四码进行正常录入。

3.9.4 特殊键的使用

1．回车键的使用

1）在智能五笔状态下，回车键可以清除输入数据，其功能与 Esc 键相同。

2）在陈桥拼音状态下，回车键可以作为英/数输入确定键。

2．空格键的使用

智能陈桥系统中空格键的主要功能有：

1）智能语句输入的结束。

2）结束五笔字形简码。

3）结束不足四码的五笔字形编码。

4）选择位于输出提示窗口中的第一个字或词句。

5）与一个学习键码组成重复输入操作。

3. 学习键的使用

五笔字形的编码键有 25 个，标准键盘有 26 个字母键，Z 键没有被列入编码键，五笔字形将 Z 键定义为学习键。

1）学习键可以代替输入汉字编码中的任何一个忘记的编码。如输入“任”字，第一个编码忘记了，可以键入“ztf”，系统将在提示行显示出以编码“tf”为结尾的所有编码汉字。

2）输入词组时，用学习键可以代替该词组编码中的任何一个或两个忘记的编码。

3）智能语句输入时，学习键代替所输入语句第三个编码以后的任何一个忘记的编码。

4）学习键+空格键为重复输入刚输出的字或词。如刚刚输入词组“学习”，此时按“Z”键，将再一次输入词组“学习”。

5）四码全为学习键，可输出智能陈桥系统难字表中存放的不易记住编码的汉字。

3.9.5 常用的简捷操作

1. 日期的输入

1）输入当前日期可以直接键入字母“nyr”。

2）在五笔状态下，键入“分号键+引号键+数字键（四位）+n+数字键（一位或两位）+y+数字键（一位或两位）”，按空格键即可输入任意日期。

3）在拼音状态下，键入“数字键（四位）+n+数字键（一位或两位）+y+数字键（一位或两位）”，按空格键即可输入日期。

2. 大写数字的输入

在五笔状态下，输入大写数字和大字金额时可以通过输入“分号键+引号键+数字键（或分号键+小数点+数字键）”的方式直接输入大写数字。如

1）要输入“柒万陆仟捌佰伍拾肆”，可直接输入“；’76 854”。

2）要输入“柒仟捌佰玖拾陆元肆角叁分”，可以直接输入：“；’7 894.43”。

3. 重复操作

在实际使用中，经常存在某个字、某个词需要重复输入，智能五笔提供了重复输入功能。操作方法为：学习键（Z 键）+空格。如讨论讨论，先输入“讨论”一词，第二个“讨论”只需要按一下 Z 键，智能陈桥系统在输出提示窗口显示“讨论”一词。

4. 汉字读音提示

智能陈桥系统具有对输入的汉字提示读音的功能。读音功能默认是关闭的状态，若要开启此功能，用鼠标右键单击输入状态提示窗口，在弹出的菜单中选择“参数设置”中的“汉字输出设置”，将“输出汉字读音提示”选中，单击“确定”按钮退出窗口。设置完成后，用户在智能五笔状态下输入单个汉字时，提示状态窗口中将显示该汉字的读音。

5. 用拼音反查汉字的五笔编码

1）反查五笔编码的设置。在主菜单“参数设置”中的“汉字输出设置”选项窗口，将“拼音输出时提示五笔编码”参数项设置为选中状态。

2）在拼音状态下，可以输出单个汉字，查看五笔编码。

3.9.6 增加或删除词组

1. 增加词组

具体操作：

1）选择主菜单中的“辅助功能”→“增删词组”→“增加词组”选项，系统弹出“智能陈桥辅助”对话框。

2）在编辑框中输入要增加的词组。

3）单击“确定”按钮，即可新增词组。

2. 删除词组

删除词组操作与增加词组操作的方法相同，通过窗口键入词组的方法可以删除词组。

3.10 万能五笔

3.10.1 简介

万能五笔是一种创新的中文输入平台，它包含多种输入方法，如五笔、拼音、中译英、英译中等。全部输入都是智能化的，不需要用户经常切换。您会五笔，打五笔；您会拼音，打拼音；您会英语打英语；不会拼音又不会英语，可以打笔画。它还增加了“导入 Windows 自带输入法码表”与“DIY 自由组合：输入法码表”功能，让您想怎么打就怎么打。

这个汉字输入法平台是建立在快速的五笔字形输入法基础上，但如果您输入五笔时，找不到要输入的字，可以用拼音或其他输入法输入您想要的任何一个字或词。它是一种集国内目前流行的五笔字形输入法以及拼音、英语、笔画、拼音+笔画等多种输入法为一体的多元输入法。而且它是一种以优先选择五笔字形高速输入为主的快速输入法。各种输入法随意使用，无需转换，行云流水、随心所欲、易学好用。

3.10.2 常用的简捷操作

1. 让万能五笔自动运行

万能五笔是一款非常优秀的输入法，但是它并不会在系统运行时自动运行，而且它也没有提供此类的选项。不过，我们可以单击“开始”→“程序”，找到“启动”组，然后单击鼠标右键，选择“打开”命令来打开系统启动文件夹，并把万能五笔输入法安装文件夹下的（如 C:!\WNM）wnb.exe 文件用鼠标右键拖放到“启动”组中，并在滑出的菜单中选择“在当前位置创建快捷方式”命令。以后每次启动计算机时万能五笔就会自动启动，并可以利用它来输入汉字了。

2．反查汉字五笔编码

用五笔字形输入时，有的时候有些字往往不易把它的笔画分开，怎么也打不出来，浪费了不少时间，最后只好用拼音输入，下一次再遇到这些字时，又要试上好一阵，最终又得再次借助拼音。这时就可以用万能五笔反查一个汉字的五笔编码，方法如下：右击万能五笔图标，选择“反查/联想”→“反查编码”选项，然后再选择“反查/联想码表”→“五笔字形”，然后再选择“选择输入法”下的“系统多元词库”选项。最后用拼音输入法输入相应汉字，该汉字的五笔编码就会出现在万能五笔的工具条上了。

3．智能记忆词组

右击万能五笔图标，选择“辅助设定”下的“调频最近字词”选项后，凡是输入过一次的重码字或词，万能五笔均会自动记忆，用户下一次再输入该字或词，万能五笔会把该字或词自动调频在第一位，用户只需直接敲空格键即可上屏，无需再选数字。这为用户经常输入一些特定的字词是非常有帮助的，而且万能五笔的智能记忆会根据用户的使用习惯而自动替换，不断更新。

4．英文编码直接上屏

在智能 ABC 输入法中，我们可以通过 V+英文字符串来直接输入英文字符。不过，在万能五笔中只要在输入编码后，按下<Esc>键下方的<～>键即可让编码直接上屏。如笔者输入一个“汉”字后，按下<～>键则编码“ic”会直接上屏。

5．带走您的自定义词组

众所周知，通过给自己喜欢的中文输入法增加词组来提高打字速度不失为一个很可行而且非常奏效的方法。可是一旦系统被重新安装，自定义的词组就不能被正常使用了。经过研究笔者发现万能五笔的自定义词组放在其安装文件夹下的 WNB.CZ 文件中（它是一个文本文件）。这样，我们只要把这个文件备份一下，在重新安装系统后直接将备份的文件复制到万能五笔输入法安装文件夹下即可恢复先前的词组了。

3.11 掌握五笔字形输入法的技巧

1）必须实现 26 个英文字母的快速盲打。

2）熟悉键盘上的每个键位和字根的对应关系。

3）熟练掌握如何把汉字拆成五笔字根。

4）输入字根对应的字母，必要时需键入识别码。

5）平时勤动脑、多动手。

只要做到以上几点，相信快速掌握五笔将是一件轻而易举的事情。

3.12 总结

本章在重点介绍五笔字形输入法的同时也对其他几种较为出色的输入法略加讲解。通过对本章的学习应该熟悉汉字的基本结构、牢记五笔字根、熟练地根据五笔字形的拆字规则对汉字进行拆分。了解汉字编码的规则、认识汉字的构成。只要认准目标，再加上持之以恒的练习，就会很快对五笔字形了如指掌。

第 4 章　其他常用汉字输入法

汉字输入法除了上一章我们学习的五笔字型以外，还有区位法，二笔法等多种方法，这些方法各具所长，下面我们一起来进行学习。

本章将教给你

- 区位法汉字录入
- 智能 ABC 输入法
- 微软拼音输入法
- 搜狗拼音输入法
- 二笔输入法

学完本章后你应该

- 能使用多种输入法
- 会拼音就会打字
- 熟练使用音型输入法，提高打字效率
- 精通文字录入的其他方法

4.1　区位法汉字录入

任　务　1

在 Windows XP 下安装区位码输入法，使用主键盘区数字完成“文字录入训练”。是不是觉得这个操作不可思议无法完成呢？

4.1.1　分区与划分

为了使每一个汉字有一个全国统一的代码，1980 年，我国颁布了第一个汉字编码的国家标准：GB 2312-80《信息交换用汉字编码字符集》基本集，这个字符集是我国中文信息处理技术的发展基础，也是目前国内所有汉字系统的统一标准。由于国标码是四位十六进制，为了便于交流，大家常用的是四位十进制的区位码。所有的国标汉字与符号组成一个 94×94 的矩阵。在此方阵中，每一行称为一个“区”，每一列称为一个“位”，因此，这个方阵实际上组成了一个有 94 个区（区号分别为 01 到 94）、每个区内有 94 个位（位号分别为 01～94）的汉字字符集。一个汉字所在的区号和位号简单地组合在一起就构成了该汉字的“区位码”。

在汉字的区位码中，高两位为区号，低两位为位号。在区位码中，01～09 区为 682 个特殊字符，10～15 区空闲未用，16～87 区为汉字区，包含 6763 个汉字。其中 16～55 区为一级汉字（3755 个最常用的汉字，按拼音字母的次序排列），56～87 区为二级汉字（3008 个汉字，按部首次序排列）。

4.1.2 区位输入法

当前的主流操作系统 Windows XP 是有区位输入法的，但是它在系统中的叫法不是“区位输入法”，而是叫做中文简体（内码）。区位码输入法的最大优点是：只用数码输入，方法简单、容易记忆，一字一码，无重码，编码有规律，不易忘记。

在区位码输入法状态下，敲击主键盘区数字 4636 5554 3428 4075 4921 3323，就可以输入“文字录入训练”。

区位码输入法应注意以下几点：

1）敲击主键盘区数字四个数码，可打出一个汉字。

2）敲击小键盘区的一个数字，可打出这个数字。

3）敲击主键盘区的 26 个字母，打出的是英文字母。

4）敲击标点符号和其他中文输入法相同。

在区位码汉字输入方法中，汉字编码无重码，在熟练掌握汉字的区位码后，录入汉字的速度是很快的，但若想记住全部区位码是相当困难的。一般方法是查询区位码表。经过编码查询后可知：4636-文 5554-字 3428-录 4075-入 4921-训 3323-练（其他字符可查询相关资料）。

任 务 2

要求：切换到智能 ABC 输入法或者微软拼音输入法状态，在文字处理软件下录入素材内容，并比较两种输入法的特点。

素材内容：简单记住单词还不够，最后还要学会其用法，即要重视词汇在语言实践中的运用。例如，助动词 am/are/is，课文中出现了大量的一般疑问句及其肯定、否定的回答，一大堆的人名，学生一下子难以掌握，背诵也难以上口，于是要求学生找出各种主谓的搭配：I am.He/She/It is.You/They/We are，再编出歌谣：“am、are、is；我用 am，你用 are；我们、你们、他们也用 are；is 跟着他、她、它；不可少，不可差。”这样一来，学生就朗朗上口了，而且记得牢，不会用错。还有，在总结疑问代词 what，who，where 时，学生都已知道其意义了，但如何用呢？我就画了一幅图画，图上有一个人 Peter，还有一只动物 monkey，一只小船 boat，我会问几个问题：① Who is in the boat？（问人，要答 Peter）② What is in the boat？（问物，要答 A monkey）③ Where is Peter？（问人，用 He 作主语）④ Where is the monkey？（问物，用 It 作主语）经过这几个问题的细致分析，学生对 what（什么）、who（谁）、where（哪里）有了一个较深的认识，回答此类问题时不再似是而非了。形势在不断发展，社会在不断进步，新的教学方法层出不穷，但无论怎样，始终词不离语，语不离句，句不离篇，只有抓好单词教学，才能使教学方法得到展现。只要给单词注入新的生命力，学生便能学得活、记得牢。

4.2 智能 ABC 输入法

4.2.1 输入基本过程

1. 基本过程

（1）开始阶段

第一键按下后，就开始了拼音输入过程。

第一键只允许 26 个英文字母（大写，小写均可以）。

第一键为 i，I，u，v 时具有特殊的含义。

（2）输入中间阶段

各种字符包括数字，均可作为输入字符串的组成部分。但对于规范变换，输入字串应符合组合规则。

（3）输入结束键

空格，标点符号：将以词为单位转换输入字串。

回车键：将以字为单位转换输入信息。

（4）“[”、“]”、“Ctrl+-” 为特殊情况结束键

（5）结果修正阶段

系统对输入的音形字串在分析、变换后，把结果显示在相应输入信息的位置，计算机用响铃提醒操作人员对转换结果进行正确性判断。无声——转换结果唯一，短声——有候选结果，长声——无结果。如果结果不是唯一的，还要在候选框中显示候选结果。若转换不能一次完成，则进入自动分词构词和记忆过程。

2. 全拼输入

如果您使用汉语拼音比较熟练，可以使用全拼输入法。

（1）规则

按规范的汉语拼音输入，输入过程和书写汉语拼音的过程完全一致。

按词输入，词与词之间用空格或者标点隔开。如果您不会输词，可以一直写下去，超过系统允许的字符个数时，系统将响铃警告。

（2）注意隔音符号的使用。例如：

Wo	xiang	wei	qin'aide	mama	dian	yi	zhi	haotingde	gequ
我	想	为	亲爱的	妈妈	点	一	支	好听的	歌曲

3. 简拼输入

如果您对汉语拼音的把握不是很准确，可以使用简拼输入。

规则：取各个音节的第一个字母组成，对于包含 zh、ch、sh（知、吃、诗）的音节，也

可以取前两个字母组成。例如：

汉字　全拼　简拼
计算机　jisuanji　jsj
长城　changcheng　cc，cch，chc，chch

在简拼时，隔音符号的作用进一步扩大。例如：

汉字　全拼　简拼　辨析
中华　zhonghua　zhh，　zh 简拼为 zh 不正确，因为它是复合声母“知”。
愕然　eran　er　简拼为 er 不正确，它是“而”等字的全拼。

4．混拼输入

汉语拼音开放式、全方位的输入方式是混拼输入。

规则：两个音节以上的词语，有的音节全拼，有的音节简拼。例如：

汉字　全拼　混拼
金沙江　jinshajiang　jinsj，jshaj

隔音符号在混拼时的重要作用。例如：

汉字全拼混拼辨析
历年　linian　lin　混拼为 lin 不正确，它是“林”的拼音。
单个　dange　dang　混拼为 dang 不正确，它是“当”的拼音。

5．笔形输入

在不会汉语拼音，或者不知道某字的读音时，可以使用笔形输入法。

规则：在智能 ABC 系统中汉字“形”的元素，按照基本的笔画形状，共分为八类，见表 4-1。

表 4-1

笔形代码	笔　形	笔形名称	实　例	注　解
1	一（㇀）	横（提）	二、要、厂、政	“提”也算作横
2	丨	竖	同、师、少、党	
3	丿	撇	但、箱、斤、月	
4	丶（㇏）	点（捺）	写、忙、定、间	“捺”也算作点
5	㇆（㇖）	折（竖弯勾）	对、队、刀、弹	顺时针方向弯曲，多折笔画，以尾折为准，如“了”
6	㇄	弯	匕、她、绿、以	逆时针方向弯曲，多折笔画，以尾折为准，如“乙”
7	十，（乂）	叉	草、希、档、地	交叉笔画只限于正叉
8	口	方	国、跃、是、吃	四边整齐的方框

取码时按照笔顺，即写字的习惯，最多取 6 笔。含有笔形“十（7）”和“口（8）”的结构，按笔形代码 7 或 8 取码，而不将它们分割成简单笔形代码 1～6。见表 4-2。

表 4-2

汉　字	辐	簪	果	丰
笔形描述	7 158	314 163	87 134	711

简单汉字，即独体字，可按笔画顺序取码，见表 4-3。

表 4-3

汉　字	及	刀	串	事	我	江	宁	兼	乎
笔形描述	534	53	882	185 115	315	44 112	44 515	4 315	34 315

复杂汉字，即合体字，可将其按左右、上下或外内分为两块，每个字块最多取三个笔画对应的笔形码。若第一个字块多于三码，限取三码，然后开始取第二个字块的笔形码；若第一个字块不足三码，第二个字块可顺延取码；第二个字块仍可一分为二，按每部顺延取码。例如，第一个字块多于三码，见表 4-4。

表 4-4

汉　字	箱	船	装	锩	肇	飒	敲
笔形描述	314 743	335 36	412 413	311 431	451 57	414 367	418 217

第一个字块不足三码，见表 4-5。

表 4-5

汉　字	传	薛	蓟	国	花	做
笔形描述	32 115	72 358 4	72 358 2	8 1714	72 323	32 78 3

对于一些特殊的偏旁部首，请按下列约定编码，见表 4-6。

表 4-6

汉　字	耳	非	忄	火	女	廾	丌	开	弗	凸	凹
笔形描述	122	211	424	433	631	72	132	1132	51532	25	26

6．音形混合输入

如果您比较熟悉本输入法，不妨采用音形混合输入。

规则：

（拼音＋[笔形描述]）＋（拼音＋[笔形描述]）＋……＋（拼音＋[笔形描述]）

其中，“拼音”可以是全拼、简拼或混拼。

对于多音节词的输入，“拼音”一项是不可少的；“[笔形描述]”项可有可无，最多不超过 2 笔。

对于单音节词或字，允许纯笔形输入，见表 4-7。

表 4-7

汉　字	输　入	笔形描述注释
的	d	简拼，不加笔形
对	d5	简拼，加 1 笔：折
刀	d53	简拼，加 2 笔：折、撇
纛	dao7	全拼，加 1 笔：叉
形式	xs	简拼，不加笔形

（续）

汉　字	输　入	笔形描述注释
迅速	xs7	简拼，第二字加 1 笔：乂
现实	xs44	简拼，第二字加 2 笔：点
显示	x8s	简拼，第一字加 1 笔：口

拼音和笔形的混合输入是为了减少在全拼或简拼输入时的重码。

7．双打输入

智能 ABC 为专业录入人员提供了一种快速的双打输入。

规则：

（1）一个汉字在双打方式下，只需要击键两次：奇次为声母，偶次为韵母。

有些汉字只有韵母，称为零声母音节：奇次键入“o”字母（o 被定义为零声母），偶次为韵母。虽然击键为两次，但是在屏幕上显示的仍然是一个汉字规范的拼音。

（2）在双打变换状态，下列场合对双打键盘的定义不起作用：

大写字母（输入拼音时，大写字母要按“Shift＋字母”）；

第一键为“u”，“u”用于输入用户定义的新词。

第一键为“i”或“I”，用于输入中文数量词。

（3）在双打变换方式下，简拼的输入采取如下措施：

全部大写（在“标准变换”下也有效，而且不用隔音符号），见表 4-8。

表　4-8

汉　字	全　拼	简　拼	双　打
明枪暗箭	mingqiang'anjian	mq'aj	m0q0aj

音节之间加笔形代码或隔音符号，见表 4-9。

表　4-9

汉　字	全　拼	简　拼	双　打
明枪暗箭	mingqiang'anjian	mq'aj	m0q0aj
天天	tiantian	tt	t1t

由于字母“v”在双打方式中替代声母“sh（诗）”，所以不能使用“v＋区号”的方式来输入 1～9 的字符，也不能使用“v＋ASCII 码字串”输入西文。

4.2.2　智能特色与设置

1．属性设置

在智能 ABC 状态窗内按鼠标右键，将弹出一个设置菜单。在菜单中选择“属性设置”项，则弹出属性设置对话框，如图 4-1 所示。

（1）风格设置

固定格式：状态窗、外码窗和候选窗的位置相对固定，不跟随插入符移动。

光标跟随：外码窗和候选窗跟随插入符移动。

（2）功能设置

词频调整：复选时具有自动调整词频功能。

笔形输入：复选时具有纯笔形输入功能。

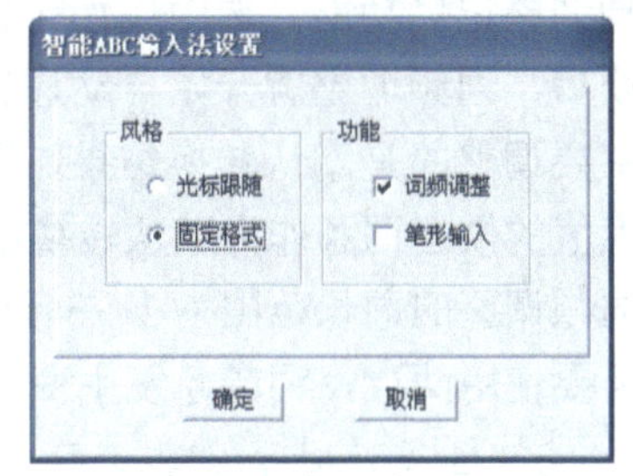

图 4-1

2．内容丰富的词库

智能 ABC 的词库以《现代汉语词典》为蓝本，同时增加了一些新的词汇，共收集了大约六万词条。其中单音节词和词素占 13%；双音节占着很大的比重约有 66%；三音节占 11%；四音节占 9%；五～九音节占 1%。词库不仅具有一般的词汇，也收入了一些常见的方言词语和专门术语，例如，人名有“周恩来”等中外名人三百多人；地名有国家名称及大都市、名胜古迹和中国的城市、地区一级的地名，约 2000 条。此外还有一些常用的口语和数词、序数词。熟悉词库的结构和内容，有助于恰当地断词和选择效率高的输入方式，允许输入长词或短句，在输入过程中，能输入很长的词语甚至短句，还可以使用光标移动键进行插入、删除、取消等操作，如图 4-2 所示。

图 4-2

3．自动记忆功能

智能 ABC 输入法能够自动记忆词库中没有的新词，这些词都是标准的拼音词，可以和基本词汇库中的词条一样使用。智能 ABC 允许记忆的标准拼音词最大长度为九个字。下面是使用自动记忆功能的两个注意事项：

1）刚被记忆的词并不立即存入用户词库中，至少要使用三次后才有资格长期保存。新词保存于临时记忆栈中，如果记忆栈已经满时它还不具备长期保存资格，就会被后来者挤出。

2）刚被记忆的词具有高于普通词语、但低于常用词的频度。

4．强制记忆

强制记忆一般用来定义那些非标准的汉语拼音词语和特殊符号。利用该功能，只需输入词条内容和编码两部分，就可以直接把新词加到用户库中。允许定义的非标准词的最大长度为十五字；输入码最大长度为九个字符；最大词条容量为四百条。在打开的词条上，单击鼠标右键，这时弹出菜单，选菜单中的“定义新词”一项，然后填写弹出的定义新词对话框。

例如，在写文章时，需要经常使用 h1n1 组合，这时可以采用强制记忆的方法，将“h1n1”定义成“a”（当然也可以是任意定义的其他编码），即在“新词”文本框中填入“h1n1”，在“外码”文本框中填入“a”，按下“添加”按钮，即完成了强制记忆（见图 4-3）。用强制记忆功能定义的词条，输入时应当以“u”字母打头。例如，键入“ua”，按空格键，即可得到刚刚定义的“h1n1”，这中间不需要任何切换的过程。用此方法也可以定义一些特殊符号。

5．频度调整和记忆

所谓的频度，是指一个词的使用频繁程度。智能 ABC 标准词库中同音词的排列顺序能反映它们的频度，但对于不同使用者来说，可能有较大的偏差。所以，智能 ABC 设计了词频调整记忆功能。选中属性设置中的“词频调整”选项后，词频调整就开始自动进行，不需要人为干预。主要调整的是默认转换结果，因为系统把具有最高频度值的候选词条作为默认转换结果。频度调整和记忆，词频调整的词长范围为1～3音节。对单音节词来说，需要使用两次，词频才发生变化。

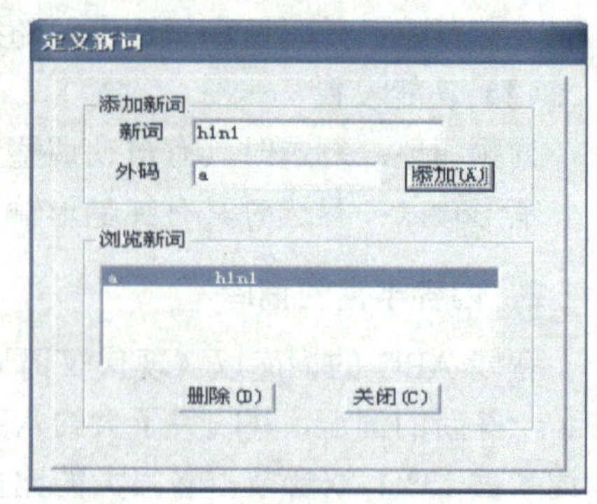

图　4-3

6．中文输入中输入英文

在输入拼音的过程中（“标准”或“双打”方式下），如果需要输入英文，可以不必切换到英文方式，只需键入“v”作为标志符，后面跟随要输入的英文。例如，在输入过程中希望输入英文“windows”，键入“v”“windows”，按空格键即可，如图4-4所示。

图　4-4

7．以词定字输入功能

无论是标准库中的词，还是用户自己定义的词，都可以用来定字。用以词定字法输入单字，可以减少重码。方法是用“[”取第一个字、“]”取最后一个字。

例如：键入“fudao”，即“辅导”的全拼输入码，如图4-5所示。

图　4-5

若按空格键得到“辅导”；若按“[”则得到“辅”，按“]”则得到“导”，如图4-6所示。

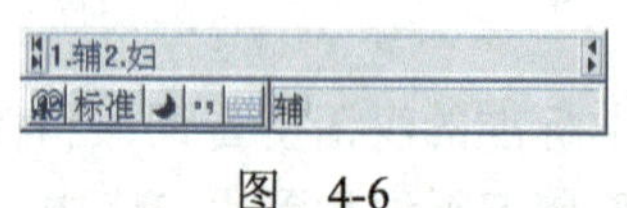

图　4-6

4.2.3　使用技巧

1．i、I—中文数量词简化输入

智能ABC提供阿拉伯数字和中文大小写数字的转换能力，对一些常用量词也可简化输入。

“i”为输入小写中文数字的前导字符。

“I”为输入大写中文数字的前导字符。

系统还规定了数字输入中字母的含义为：

G	[个]	S	[十，拾]	B	[百，佰]
Q	[千，仟]	W	[万]	E	[亿]
Z	[兆]	D	[第]	N	[年]

Y	[月]	R	[日]	T	[吨]		
K	[克]	$	[元]	F	[分]		
L	[里]	M	[米]	J	[斤]		
O	[度]	P	[磅]	U	[微]		
I	[毫]	A	[秒]	C	[厘]	X	[升]

“i”或“I”后面直接按空格键或回车键，则转换为“一”或“壹”。

“i”或“I”后面直接按中文标点符号键（除“$”外），则转换为“一”+该标点或“壹”+该标点。

2. 图形符号输入

输入 GB 2312 字符集 1～9 区各种符号，可使用简便方法：

在标准状态下，按字母 v+数字（1～9），即可获得该区的符号。

3. 用户词库的备份

智能 ABC 的用户词库存放在目录“C:\Windows\System\”下（假定 Windows XP 安装在目录 C:\Windows 下），文件名是 tmmr.rem 和 user.rem。如果我们要重新安装 Windows XP，则要先备份这两个文件，安装完毕后，再将这两个文件复制到目录“Windows\System\”下，覆盖系统默认的同名用户词库文件。这样，即可保证在重新安装系统后，仍可使用原有的用户自定义的词汇。

4. 输入不会读的字

如何在智能 ABC 中输入不知道读音的汉字呢？我们可以利用笔形输入法来输入，前提条件是你记住了笔形输入法中 8 个笔形代码的含义和规则。具体操作为：在输入法状态条上单击鼠标右键，在快捷菜单中选“属性设置”，然后选中“笔形输入”，单击“确定”按钮。这时如果要输入“乜”，键入数字“56”即可；如果要输入“纛”，键入数字“71125”再按空格键即可。

4.2.4 提高指南

1. 了解词库内容

智能 ABC 的词库以《现代汉语词典》为蓝本，同时又增加了一些新的词汇，共收集了大约六万词条。其中，单音节词和词素 13%，双音节 66%，三音节 11%，四音节 9%，五～九音节 1%，上述数字表明，双音节词占着很大的比重，这是现代汉语的重要特色。词库不仅具有一般的语汇，也收入了一些常见的方言词语，还有某些常见的专门术语。例如：

人名：古今中外名人，三百余人；

地名：国家名称、大都会、名胜古迹、中国的省、市、地区一级的地名，约 2 000 条；

短语或习语：“振兴中华”、“我国”等；

数词：“一”～“一百”；

序数词：“第一”～“第一百”。

熟悉词库的结构和内容，有助于恰当地断词和选择效率高的输入方式。

2．把握按词输入的大体规律

建立比较明确的“词”的概念，尽量按词、词组、短语输入。并把握输入的大体规律：

1）三音节以上的词语都可以简拼输入，尤其是常用词语。个别情况下，尤其是三音节的情况下，对其中的一个音节全拼或者简拼＋笔形，以区别同音词。

2）最常用的双音节词可以简拼输入，这些词大约有 500 个。一般常用词，可采取混拼或者简拼＋1 笔笔形描述。普通双音节词，应当采用全拼或者简拼＋2 笔笔形描述的形式输入。少量双音节词，特别是简拼为“zz，yy，ss，jj”等结构的词，需要在全拼基础上增加笔形描述。

3）最常用单音节词可以简拼＋1 笔笔形描述输入。一般常用单音节词，应当全拼（简拼＋2 笔笔形相当于全拼）。

4）重码高的单字（特别是“yi，ji，shi”音节的单字）可以全拼＋笔形输入，一般不超过两笔，但是在特殊情况下，加到六笔也是允许的。实际上，加 4 笔就已经没有重码了（极个别情况除外）。

5）有 24 个单音节词可以不加笔形，如图 4-7 所示。

D＝的	L＝了	S＝是	Z＝在
H＝和	J＝就	W＝我	T＝他
B＝不	G＝个	N＝年	R＝日
I＝一	Y＝有	X＝小	F＝发
ZH＝这	SH＝上	CH＝出	P＝批

图 4-7

表中的词，数量虽然少，但是使用极其频繁，应当记住。另外，还应充分利用“以词定字”的功能来输入单字。如果没有现成的、恰当的词可以自己定义一个。

3．选择符合自己特点的打法

如果您拼音不错，键盘也熟练，采用标准变换方式，输入过程以全拼为主，其他方式为辅。这样最为节省脑力，能够很好地保持输入和思维的一致性。如果您对拼音不熟，而且有方言口音，应当以简拼＋笔形的方式为主，辅之以其他方法。如果您完全不懂拼音，而且也很难学会，则只能按笔形输入。能把简拼理解成一种规定的编码加以记忆，可提高输入效率。在诸多的方式当中，总有一种适合于你。但是不要完全局限于一种方式，而应根据自己的特点，调整并采用多种输入方式，这样可以充分利用本系统的智能特色，又可以最大限度地发挥人的主观能动性。例如：有时，您所用的词往往是单音节词和双音节词，或者是单音节词和双音节词的组合，如“回车键”、“个人简历”等。利用智能 ABC 的记忆功能可将这些常用的组合词记忆为一个词，这样可大大提高输入速度。

如果您写一篇论文，需要经常使用特殊符号，如表示温度的符号“℃”（国标码为 0170）。每次键入这一符号时，都必须使用图形符号的输入法。这时您可以采用强制记忆的方法，将“℃”定义成“d”（当然也可以是任意定义的编码），下次使用时，只需键入“ud”即可得到该符号，这中间不需要任何切换的过程。

关于智能 ABC 输入法的这些内容。如果你全都懂了，并且把功能都试了一遍，相信你一定会惊喜地说："原来智能 ABC 输入法功能这么强大呀！"

4.3 微软拼音输入法

4.3.1 简介

微软拼音输入法是微软公司和哈尔滨工业大学联合开发的智能化拼音输入法，是一种以语句输入为特征的第三代输入法，许多对输入速度要求不太高，并且熟悉拼音的用户非常欢迎它。它的 1.0 版和 1.5 版分别集成于 Win 95 OSR2 和 Win 98。最新的 2.0 版集成在 Office 2000 中文版中，也可从网上下载。微软拼音输入法 2.0 版由于增加了许多新的功能，因此它可支持全拼或双拼输入方式（可在"属性"对话框中设置）。这两种输入方式都支持带音调、不带音调或二者的混合输入。输入法分别以数字键 1，2，3，4 代表拼音的四声，5 代表轻声。输入的各汉字拼音之间无需用空格隔开，输入法能够自动分隔相邻汉字的拼音。如"这是"带音调输入为 zhe4shi4，不带音调输入为 zheshi。带音调拼音输入的字词准确率将高于不带音调的拼音输入。

微软拼音输入法 2.0 的输入结果为整句或词语。用微软拼音输入法输入一个词句时，可连续输入语句中各字的拼音，一个字的拼音输入结束不用敲空格键或回车键，待下一个字的第一个拼音输入，会自动将前一字的拼音转化为汉字。输入结果下面有一条下划线，表示当前句子还未经过确认，处于组字窗口的句内编辑状态。此时若发现句内有错字，应按左右方向键将光标移至错字前（候选窗口会自动弹出），按减号键或等号键（或单击候选窗口右端的翻页按钮）翻页，出现合适的字词后按数字键，即将输入错误或音字转换错误的字词替换掉（见图 4-8）。其中，候选窗口中蓝色（由输入法智能匹配）的字词可按空格键直接替换。整句输入、修改结束后需按<Enter>键加以确认。

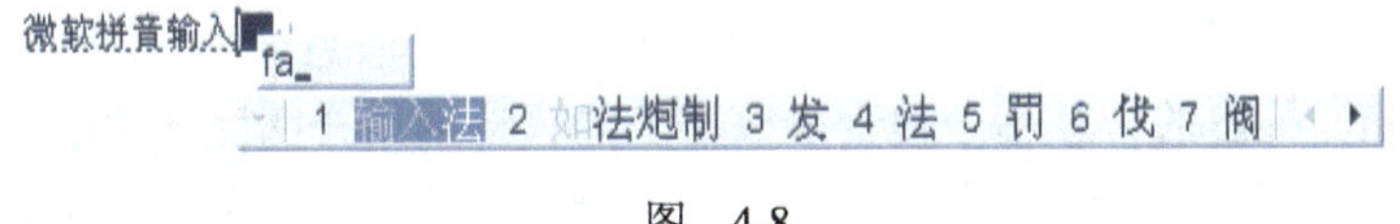

图 4-8

4.3.2 特殊用法

微软拼音输入法 2.0 提供了丰富的字母和符号输入方法。系统提供了 12 个不同的软键盘，用鼠标单击"功能设置"按钮，再从快捷菜单的"选软键盘"下级菜单中选择你需要的软键盘，即可用软键盘输入符号和特殊字母，如图 4-9 所示。

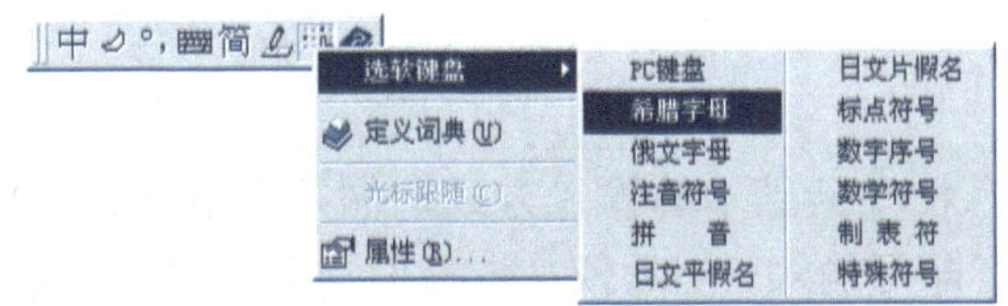

图 4-9

微软拼音的手写识别引擎与市面上销售的各种输入手写笔不相上下。用微软输入法你可以使用鼠标直接在屏幕上书写，只要不是缺很多笔画，它都能识别出来。而且识别速度非常快。单击状态条上的手写板图标即可出现如图 4-10 所示的手写板窗口。单击“清除”按钮清除手写区的内容。按住鼠标左键并拖动出笔画轨迹，放开左键就写完了一笔。例如写一个“微”字（见图 4-10），写好后在右侧候选字窗口内的第一个候选字就是“微”字。单击这个字即可将此字输出，此时手写区自动清空，等待下一个字的输入。

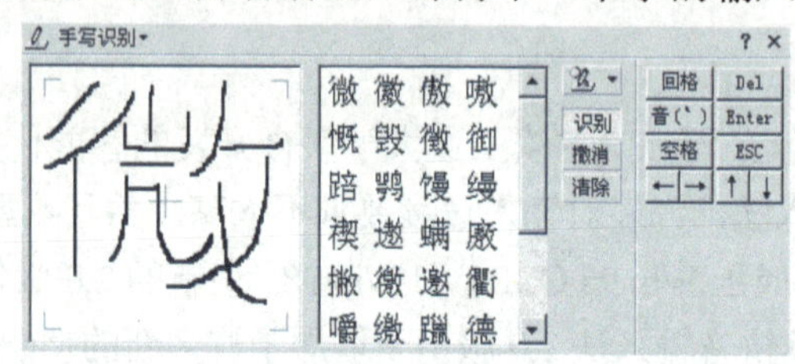

图 4-10

另外还有一种更方便的方法，可以省掉选字这个步骤。单击候选字窗口右侧的图标按钮，弹出一个菜单，从中选择“手写输入”选项，此时手写板的候选字窗口变成另外一个手写区。我们可以交替地在这两个手写区里写字，而系统会自动连续识别，这样就省去选字这个步骤了。如果用手写笔，汉字输入会非常快捷，而且适宜各种人使用。

4.4　搜狗拼音输入法

4.4.1　简介

1. 简介

搜狗拼音输入是 2006 年 6 月由搜狐公司推出的一款汉字拼音输入法。这是一款免费软件。用户可以通过互联网备份自己的个性化词库和配置信息。搜狗拼音输入法是搜狗（www.sogou.com）推出的一款基于搜索引擎技术的、特别适合网民使用的、新一代的输入法产品。在电脑普及的过程中，有很多的输入法陪伴过用户撰写文档、冲浪、聊天。随着网络时代的发展，每天都有大量的新词、新人名涌现出来，例如，“八荣八耻”，“劲舞团”，“超女”等。传统的输入法由于词库是封闭静态的，不具备对于流行词汇的敏感性，这些词都是不能默认打出来的，必须要选很多次，传统的输入法已经对担当中文流畅输入的重任力不从心。由于这一需求，搜狗拼音输入法依托于强大的搜狗搜索引擎，应运而生。虽然从外表上看起来搜狗拼音输入法与其他输入法相似，但是其内在核心大不相同。传统的输入法的词库是静态的、陈旧的，而搜狗输入法的词库是网络的、动态的、新鲜的。

2. 基本功能

（1）全拼

全拼输入是拼音输入法中最基本的输入方式。你只要用<Ctrl+Shift>键切换到搜狗输入法，在输入窗口输入拼音即可输入。然后依次选择你需要的字或词即可。你可以用默认的翻页键“逗号（,）句号（。）”来进行翻页。

（2）简拼

简拼是输入声母或声母首字母来进行输入的一种方式，有效地利用简拼，可以大大地提高输入的效率。搜狗输入法现在支持的是声母简拼和声母的首字母简拼。例如，想输入“张靓颖”，你只要输入“zhly”或者“zly”都可以输入“张靓颖”。同时，搜狗输入法支持简拼全拼的混合输入，例如，你输入“srf”“sruf”“shrfa”都是可以得到“输入法”的。

请注意：这里的声母首字母简拼的作用和模糊音中的“z，s，c”相同。但是，这属于两回事，即使你没有选择设置里的模糊音，你同样可以用“zly”可以输入“张靓颖”。有效的用声母的首字母简拼可以提高输入效率，减少误打，例如，你输入“指示精神”这几个字，如果你输入传统的声母简拼，只能输入“zhshjsh”，需要输入的多，而且多个 h 容易造成误打，而输入声母的首字母简拼，“zsjs”能很快得到你想要的词。

还有，简拼由于候选词过多，可以采用简拼和全拼混用的模式，这样能够兼顾最少输入字母和输入效率。例如，想输入“指示精神”，则输入“zhishijs”、“zsjingshen”、“zsjingsh”、“zsjingsh”“zsjings”都是可以的。打字熟练的人会经常使用全拼和简拼混用的方式。

（3）英文的输入

输入法默认是按下<Shift>键就切换到英文输入状态，再按一下<Shift>键就会返回中文状态。用鼠标点击状态栏上面的中字图标也可以切换。除了<Shift>键切换以外，搜狗输入法也支持回车输入英文，和 V 模式输入英文一样。在输入较短的英文时使用能省去切换到英文状态下的麻烦。具体使用方法是：输入英文，直接敲回车即可。V 模式输入英文：先输入“V”，然后再输入你要输入的英文，可以包含@+*/–等符号，然后敲空格即可。

（4）双拼

双拼是用定义好的单字母代替较长的多字母韵母或声母来进行输入的一种方式。例如，如果 T=t，M=ian，键入两个字母“TM”就会输入拼音“tian”。使用双拼可以减少击键次数，但是需要记忆字母对应的键位，不过熟练之后效率会有一定提高。如果使用双拼，要在设置属性窗口把双拼选上即可。特殊拼音的双拼输入规则有：

对于单韵母字，需要在前面输入字母 O+韵母。例如，输入 OA→A，输入 OO→O，输入 OE→E。而在自然码双拼方案中，和自然码输入法的双拼方式一致，对于单韵母字，需要输入双韵母，例如，输入 AA→A，输入 OO→O，输入 EE→E。

（5）模糊音

模糊音是专为对某些音节容易混淆的人所设计的。当启用了模糊音后，例如，sh/s，输入“si”也可以出来“十”，输入“shi”也可以出来“四”。搜狗支持的模糊音有：

声母模糊音：s/sh，c/ch，z/zh，l/n，f/h，r/l，

韵母模糊音：an/ang，en/eng，in/ing，ian/iang，uan/uang。

（6）繁体

在状态栏上面右键菜单里的【简→繁】选中即可进入到繁体中文状态。再点击一下即可返回到简体中文状态。

（7）网址输入模式

网址输入模式是我们特别为网络设计的便捷功能，让你能够在中文输入状态下就可以输入几乎所有的网址。目前的规则是：输入以 www.http:ftp:telnet:mailto:等开头的字母时，自动识别进入到英文输入状态，后面可以输入例如 www.sogou.com，ftp://sogou.com 类型的网址。输入非 www.开头的网址时，可以直接输入例如 abc.abc 即可（但是不能输入 abc123.abc 类型的网址，因为句号还被当作默认的翻页键。）输入邮箱时，可以输入前缀不含数字的邮箱，如 leilei@163.com。

（8）U 模式笔画输入

U 模式是专门为输入不会读的字所设计的。在输入 u 键后，然后依次输入一个字的笔顺，笔顺为：h 横、s 竖、p 撇、n 捺、z 折，就可以得到该字，如图 4-11 所示。同时小键盘上的 1、2、3、4、5 也代表 h、s、p、n、z。这里的笔顺规则与普通手机上的五笔画输入是完全一样的。其中点也可以用 d 来输入。由于双拼占用了 u 键，智能 ABC 的笔画规则不是五笔画，所以双拼和智能 ABC 下都没有 u 键模式。值得一提的是，竖心的笔顺是点点竖（nns），而不是竖点点。例如，输入“你”字，如图 4-12 所示。

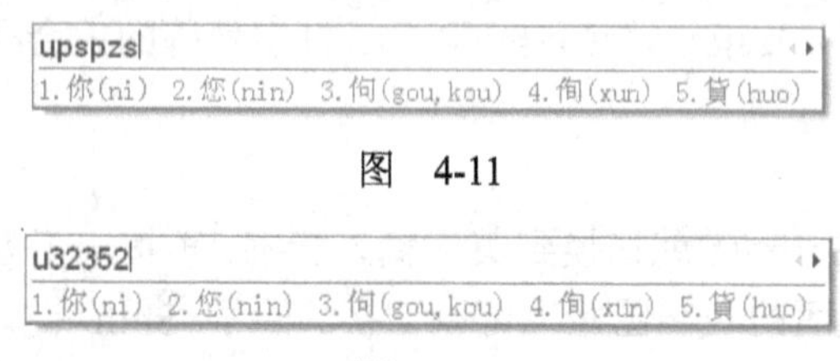

图 4-11

图 4-12

（9）笔画筛选

笔画筛选用于输入单字时，用笔顺来快速定位该字。使用方法是输入一个字或多个字后，按下<tab>键（<tab>键如果是翻页的话也不受影响），然后用 h 横、s 竖、p 撇、n 捺、z 折依次输入第一个字的笔顺，一直找到该字为止。五个笔顺的规则同上面的笔画输入的规则。要退出笔画筛选模式，只需删掉已经输入的笔画辅助码即可。

例如，如图 4-13 所示快速定位“珍”字，输入了“zhen”后，按下<tab>键，然后输入珍的前两笔“hh”，就可定位该字。

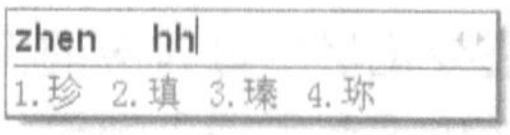

zhen hh
1.珍 2.瑱 3.臻 4.珎

图 4-13

（10）V 模式中文数字（包括金额大写）

V 模式中文数字是一个功能组合，包括多种中文数字的功能。只能在全拼状态下使用：

① 中文数字金额大小写：输入“v424.52”，输出“肆佰贰拾肆元伍角贰分”。

② 罗马数字：输入 99 以内的数字例如“v12”，输出“XII”。

③ 年份自动转换：输入“v2008.8.8”或“v2008-8-8”或“v2008/8/8”，输出“2008 年 8 月 8 日”。

④ 年份快捷输入：输入“v2006n12y25r”，输出“2006 年 12 月 25 日”。

（11）插入当前日期时间

“插入当前日期时间”的功能可以方便输入当前的系统日期、时间、星期。并且你还可以用插入函数自己构造动态的时间。例如，在回信的模板中使用。此功能是用输入法内置的时间函数通过“自定义短语”功能来实现的。由于输入法的自定义短语默认不会覆盖用户已有的配置文件，所以你要想使用下面的功能，需要恢复“自定义短语”的默认配置（就是说：如果你输入了 rq 而没有输出系统日期，请打开“选项卡”→“高级”→“自定义短语设置”，点击“恢复默认配置”即可。注意：恢复默认配置将丢失自己已有的配置，请自行保存手动编辑。输入法内置的插入项有：

① 输入“rq”（日期的首字母），输出系统日期“2006 年 12 月 28 日”；

② 输入“sj”（时间的首字母），输出系统时间“2006 年 12 月 28 日 19:19:04”；

③ 输入“xq”（星期的首字母），输出系统星期“2006 年 12 月 28 日星期四”；

自定义短语中的内置时间函数的格式请见自定义短语默认配置中的说明。

（12）拆字辅助码（3.0Beta1）

拆字辅助码可让你快速地定位到一个单字，使用方法如下：

想输入一个汉字“娴”，但是非常靠后，找不到，那么输入“xian”，然后按下<tab>键，在输入“娴”的两部分“女”“闲”的首字母 nx，就可以看到只剩下“娴”字了。输入的顺序为 xian+tab+nx。

独体字由于不能被拆成两部分，所以独体字是没有拆字辅助码的。

4.4.2 特色功能

1. 超强的网络词库

搜狗拼音输入法是采用了搜索引擎技术的新一代的输入法。其采用的网络词库与传统词库相比有了质的飞跃。传统的词库是封闭的、静态的，而搜狗的词库是开发的、动态的。传统的词库只能收集到人民群众语言的一小部分，而搜狗拼音输入法的词库能够涵盖几乎所有的类别。通过采用搜索引擎的热词、新词发现程序，源源不断地发现几乎所有类别的常用词，并且及时更新到词库里面。无论是最新的歌手、电视剧、电影名、游戏名，还是球星、软件名、动漫、歌曲、电视节目，搜狗输入法都能够流利打出。你可以试试“李宇春”、“郭德纲”、“张靓颖”。

2. 最佳的网络词频

通过搜索引擎的超大网页快照库，搜狗输入法有了最佳的词频分析的基础。通过分析包含了新闻、论坛网文、各类专题文章的超过 1000 亿字的文字资料（去重之后的正文资料），搜狗输入法的词频能够保证最佳，即使是鲜活生动的口头语，搜狗输入法也能保证词序最佳。基于搜索引擎的超大网页快照库，搜狗输入法的词频分析语料规模是传统输入法的 1 000 倍以上，因此保证了搜狗输入法在词频上更上一层楼。

3. 智能组词技术

采用了智能组词技术，保证首选词准确率优于其他输入法，对于很多较长的词，或者常用语，口头语，即使词库里没有这些词，搜狗输入法也可以自动拼出来。

4. 便利的全拼简拼混合输入

搜狗拼音输入法是基于声母和声母首字母的混合式简拼，更加高效且不易出错。如果你输入传统的声母简拼，只能输入“zhshjsh”，而搜狗输入“zsjs”能很快得到你想要的词。即使用“zhishijs”、“zhsjs”、“zsjsh”、“zsjings”都能够随心所欲地输出。

5. 兼容多种输入法的习惯

搜狗拼音输入法以开放的态度吸取用户的所有来信、建议、评论，吸取了大量的用户反馈意见，已经兼容和正在兼容多种输入法的键盘设置、细节习惯、双拼方案等。用户可以通过设置属性菜单来修改。

6. 人性化的细节设置

搜狗输入法追求在易用性上的突破。搜狗输入法在很多细微的地方为用户提供了便利。例如，对于有歧义的音节，fangan 有两种可能：方案、反感。搜狗输入法都能够显示，用户输入时不用加分隔符即可输入。

7. 自动升级功能

第一款可以自动升级的输入法，升级程序使您不用下载即可用到最新版，同时升级最新的词库，网络的新词热词也会及时地反映在输入法里。

4.4.3 设置操作

1. 打开设置窗口

你可以点击状态栏上的小扳手，或者在状态栏上面单击鼠标右键，在弹出的右键菜单中即可看到“设置属性”选项，点击后即可打开。输入法默认的设置一般都是效率最高、最适合多数人使用的选项，推荐大家使用默认设置选项。

2. 常规选项卡

（1）输入风格：为充分照顾智能 ABC 用户的使用习惯，设计了两种输入风格，如图 4-14 所示。

① 搜狗风格，如图 4-15 所示。

图 4-14　　图 4-15

在搜狗默认风格下，将使用候选项横式显示、输入拼音直接转换（无空格）、启用动态组词、使用“，。”翻页，候选项个数为 5 个。搜狗默认风格适用于绝大多数的用户，即使长期使用其他输入法直接改换搜狗默认风格也会很快上手。当更改到此风格时，将同时改变以上五个选项，当然，这五个选项可以单独修改，以使用适合自己的习惯。

② 智能 ABC 风格。

在智能 ABC 风格下，将使用候选项竖式显示、输入拼音空格转换、关闭动态组词、不使用“，。”翻页，候选项个数为 9 个。智能 ABC 风格适用于那些习惯于使用多敲一下空格键输出字，或使用竖式候选项等智能 ABC 的用户。当更改到此风格时，将同时改变以上五个选项，当然，这五个选项可以单独修改，以使用适合自己的习惯。智能 ABC 风格是我们为广大的智能 ABC 用户所特别设计的输入习惯，我们尊重用户的意见，希望所有的用户使用起来更舒适、更流畅。

（2）特殊习惯的拼音模式，如图 4-16 所示。

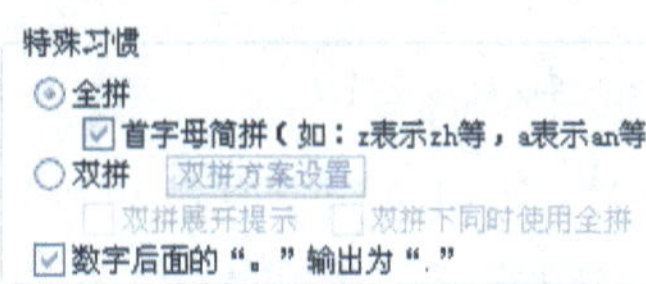

图 4-16

搜狗支持全拼、简拼、双拼方式。详细介绍如下：

① 全拼。全拼是输入完整的拼音序列来输入汉字，例如要输入“超级女声”可以输入“chaojinvsheng”。选中简拼，可以进行简拼和全拼的混合输入。选中“使用 z、c、s 表示 zh、ch、sh”后，可以用“cjns”表示“超级女声”，此功能默认开启。

② 双拼。双拼是用定义好的单字母代替较长的多字母韵母或声母来进行输入的一种方式。例如，如果 T=t，M=ian，键入两个字母“TM”就会输入拼音“tian”。使用双拼可以减少击键次数，但是需要记忆字母对应的键位，但是熟练之后效率会有一定提高。打开“双拼展开提示”后，会在输入的双拼后面给出其代表的全拼的拼音提示。打开“双拼下同时使用全拼”后，双拼和全拼将可以共存输入。经过我们的观察实验，两者基本上没有冲突，这可以供双拼新手初学双拼时使用。

3. 按键设置选项卡

（1）中英文切换

按下选中的键（默认是<Shift>键）可以从中文输入状态到英文输入状态之间转换。

中文输入状态如图 4-17 所示。英文输入状态如图 4-18 所示。

图 4-17　　　　图 4-18

（2）候选字词

①“二三候选”功能如图 4-19 所示。

二三候选　○左右Shift　◉左右Ctrl　○不使用快捷键

图 4-19

选中的键就可以用来直接选择第二、三个候选项。

②“翻页按键”功能如图 4-20 所示。

翻页按键　☑逗号(,)句号(.)　☑减号(-)等号(=)
☑左右方括号([ ])　☐Shift + Tab / Tab

图 4-20

选中的键就可以用来进行翻页。其功能相当于 PageUp（上一页）和 PageDown（下一页）。

推荐用“逗号（，）句号（。）”来进行翻页，因为用“逗号”“句号”时手不用移开键盘主操作区，效率最高，也不容易出错。搜狗同时默认支持“减号（—），等号（＝）”、“左右方括号（[]）”来进行翻页。

③“以词定字”功能如图 4-21 所示。

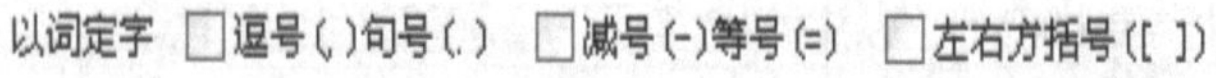

以词定字 □逗号(,)句号(.) □减号(-)等号(=) □左右方括号([ ])

图 4-21

当你想输入某个字，但是这个字很靠后时，用以词定字功能可以很快地输入该字。例如：你想输入“济”字，你输入“经济”时不要敲空格，而按下你设置的键，例如“[]”中的“]”即可输入“济”字。由于此功能使用人数较少，所以输入法默认是关闭的。如果你使用，可以选中打开这个功能。

④“快捷选词”功能如图 4-22 所示。

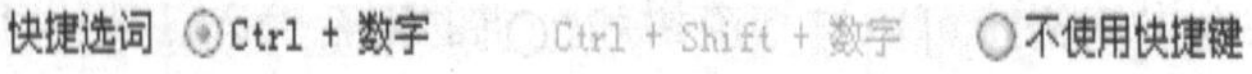

快捷选词 ◉Ctrl + 数字 ○Ctrl + Shift + 数字 ○不使用快捷键

图 4-22

改变当前处于焦点的候选项，适用于以词定字的功能，使非第一个候选项时可以使用以词定字功能。默认的焦点词，按下空格，则输出累累，如图 4-23、图-24 所示。

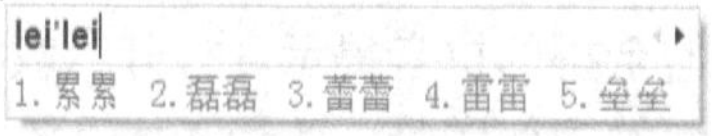

lei'lei
1.累累 2.磊磊 3.蕾蕾 4.雷雷 5.垒垒

图 4-23

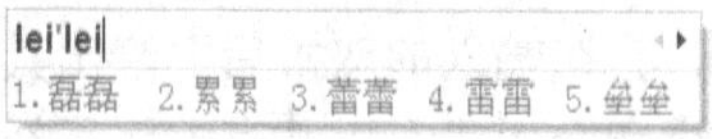

lei'lei
1.磊磊 2.累累 3.蕾蕾 4.雷雷 5.垒垒

图 4-24

⑤“快捷删词”功能如图 4-25 所示。

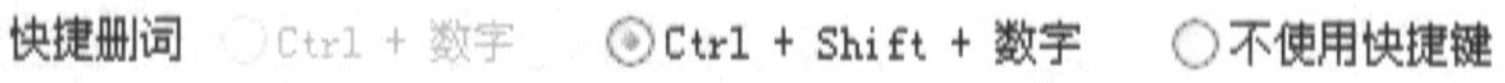

快捷删词 ○Ctrl + 数字 ◉Ctrl + Shift + 数字 ○不使用快捷键

图 4-25

如果在输入时输入了造错的词，可以通过词功能的快捷键逐个删除掉。请注意只能删除自造词，而不能删除系统已经有的词。

（3）其他快捷按键如图 4-26 所示。

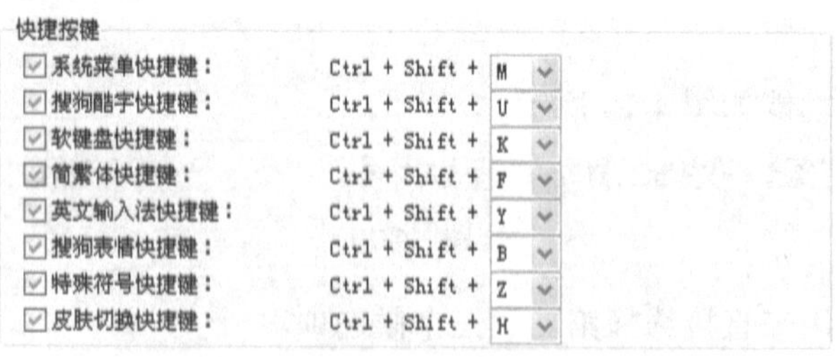

图 4-26

4．词库设置

（1）词库管理（见图 4-27） 通过词库管理中的选项可以备份、还原、删除用户词库。

（2）细胞词库 打开“启用细胞词库”后，细胞词库内的词条会添加到您的词库中。细胞词库是搜狗首创的、开放共享、可在线升级的细分化词库功能。细胞词库包括但不限于专业词库，通过选取合适的细胞词库，搜狗拼音输入法可以覆盖几乎所有的中文词汇。打开“启用细胞词库自动更新”后，输入法就能够在线更新词库了。频率大概在一周 1～2 次左右。网络上的新词就能自动更新到你的词库中，让你与网络保持同步。搜狗输入法是所有输入法中第一个拥有词库在线更新功能的输入法。

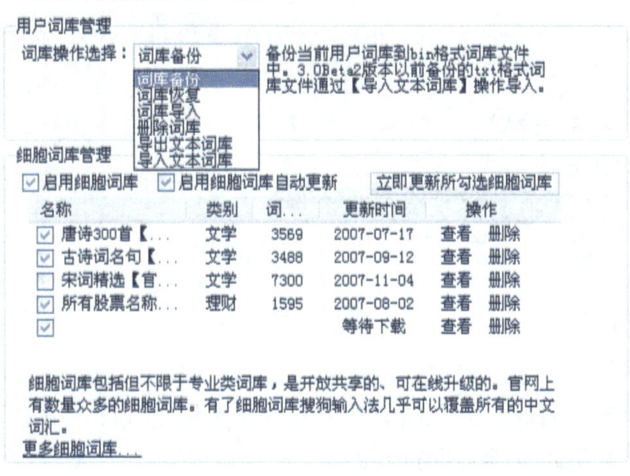

图　4-27

5．外观选项卡

（1）显示模式（见图 4-28）

图　4-28

横排显示是默认的显示方式，其显示效果如图 4-29 所示。竖排显示效果如图 4-30 所示。

图　4-29　　　　　　　　　　图　4-30

（2）皮肤外观（见图 4-31）

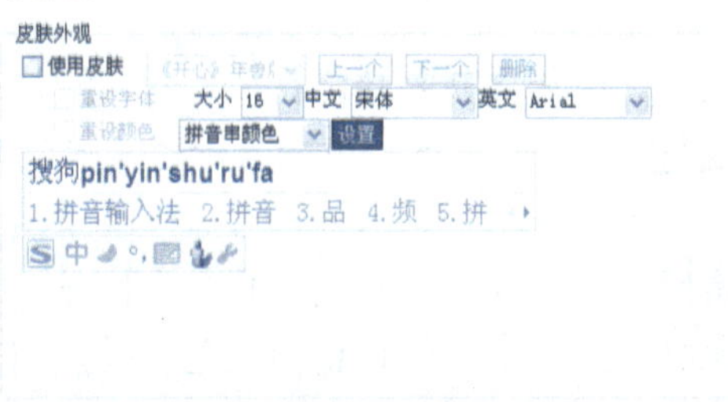

图　4-31

你可以通过这里修改输入框的字体、大小、项数、颜色等，修改好的效果如图 4-32 所示。

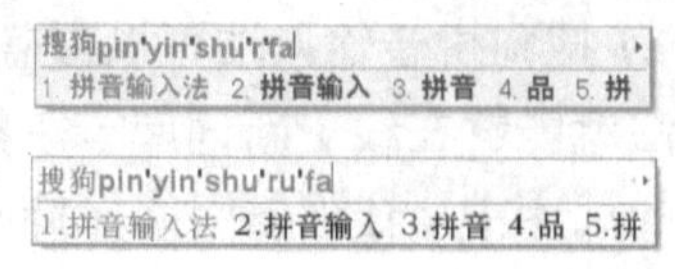

图　4-32

6．高级设置

（1）智能输入（见图 4-33）

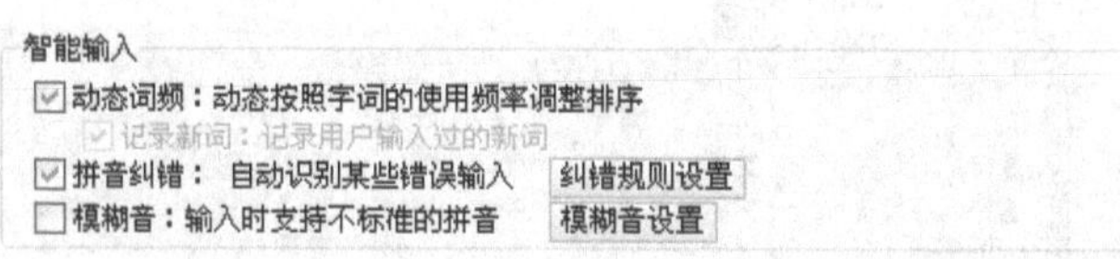

图　4-33

开启“动态词频”后，输入法就会记录用户的自造词，并且词序会根据使用情况进行变动，经常输入的字、词会靠前。关上此选项词频就不会调整词序，并且不记录用户自造词。如果没有特殊要求，希望此选项勾选打开。

（2）拼音纠错

当输入非常快的时候，很多人会把 ing 输入成 ign，结果又得删除，影响效率，搜狗输入法提供 ign→ing，img→ing，以及 uei→ui，uen→un，iou→iu 的自动纠错，即使输入“dign”，照样可以输入“顶”。同时还提供数字后面自动跟小数点的功能，以方便经常输入数字的人使用，如果确实需要输入中文句号，则删除小数点后再输入就是中文句号了。

（3）高级模式（见图 4-34）

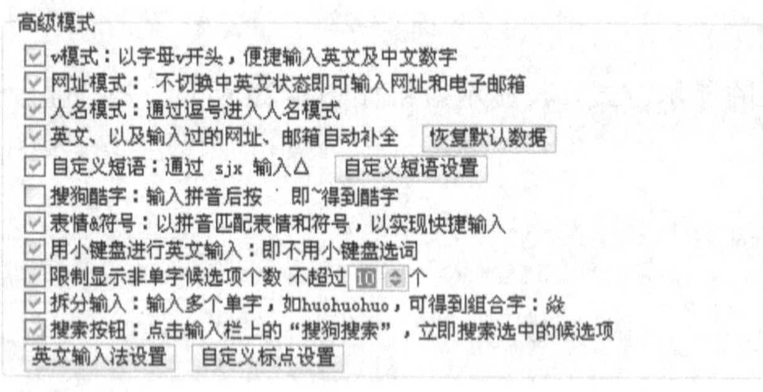

图　4-34

高级模式包括 11 种可以关闭或者打开的功能：

1）V 模式输入英文。先输入“V”，然后再输入你要输入的英文，可以包含@+*/−等符号，最后敲空格键即可。

2）网址输入模式。查看网址输入模式请点击怎样输入网址。

3）自定义短语。查看怎样使用自定义短语请点击怎样使用自定义短语。

4）自定义标点。自定义标点符号用来自由设置哪个键对应着哪个中文标点，例如，顿

号、破折号、省略号等键的设置。设置界面如图 4-35 所示。

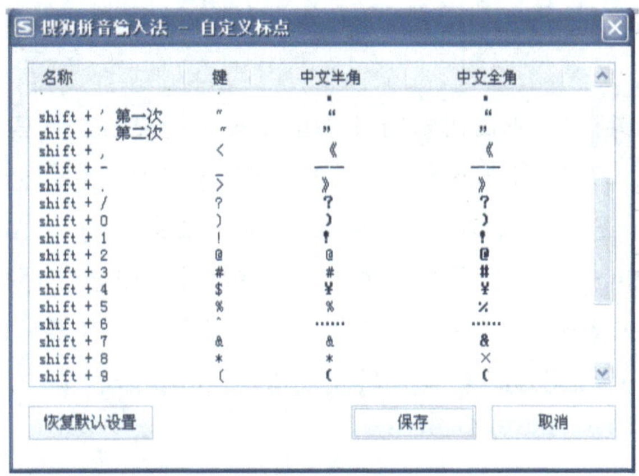

图 4-35

4.4.4 升级

升级选项，如图 4-36 所示。

图 4-36

有三种升级方式：不自动升级：就是不更新，自己点击“立即升级”按钮来更新。提示升级：是有新版本的时候进行提示。自动升级：是发现新版本时全自动下载、安装更新新版本。

4.4.5 其他

1. 非常个性化的皮肤设置

搜狗输入法从 3.0 公测第 1 版开始支持可充分自定义的、不规则形状的皮肤。包括输入窗口、状态栏窗口都可以进行自由设计。搜狗输入法皮肤是搜狗输入法最受欢迎的功能之一，为方便大家制作皮肤，通过皮肤编辑器组装完成。输入法皮肤完整模式有四种：横排同窗口、竖排同窗口、横排分窗口、竖排分窗口；输入时必须提供四种模式，否则使用智能 ABC 模式的人将看不到输入窗口。

2. 输入法管理器

输入法管理器可以用来快捷方便地管理系统的输入法。

3. 快速设置向导

选择快速设置向导，可以根据向导提示来进行搜狗输入法的相关设置。

任务 3　用搜狗输入法输入下列内容

优秀实用文教类网站：1）中国国家图书馆 http://www.nlc.cn，是国家总书库、国家书目中心、国家古籍保护中心、国家典籍博物馆。2）中国电影网 http://www.chinafilm.com，是中国电影门户网站，提供电影资讯、网络电影和最新预告。3）中国全民阅读网 https://www.nationalreading.gov.cn，有新闻热点、好书推荐、阅读空间等栏目。4）中国作家网 http://www.chinawriter.com.cn，会有一些新的散文、小说、纪实类作品，还有新书推荐。5）学习强国 https://www.xuexi.cn，会提供思政政治理论知识和科学、文化、军事等知识

4.5　二笔输入法

4.5.1　简介

1．输入法简介

二笔输入法是一种音形结合的输入法，即用汉字的拼音首字母加汉字的笔画来进行输入。它的特点是重码率低、输入速度快，一般在三键之内可以直接输入的字有 4000 多个汉字。

2．取码要素

二笔输入法的笔画由横（一）、竖（丨）、撇（丿）、点（丶）、折（㇆）五个基本笔画和由这五个笔画两两组合而构成的 25 个双笔画，一共用 30 个键来对应，每个键代表一种组合。

为了加快输入速度，还在键盘上设定了 10 个使用频率最高的偏旁部首，“钅、木、氵、土、艹、日（曰）、月、人（亻）、口、扌”作为快捷键。打字时遇到这十个设定的部首直接按快捷键，不能拆分。

记忆口诀：金木水土草，日月人口手。弄清了笔画后，我们就可以学习了，因为可以用一句话来概括二笔输入法，那就是：拼音的首字母+笔画。

二笔的 30 个编码键可以分为五个双笔画区和一个单笔画区共六个区，同时在键盘上设了十个偏旁部首：

五个双笔画区：横区、竖区、撇区、点区、折区（见图 4-37）。由横笔开始的五种双笔画是：一一、一丨、一丿、一丶、一㇆，它们的第二笔分别是横、竖、撇、点、折并按从左至右的顺序排列在横区；由竖笔开头的五种双笔画是丨一、丨丨、丨丿、丨丶、丨㇆，也按从左至右的顺序排列在竖区。其余各区，照此类推。

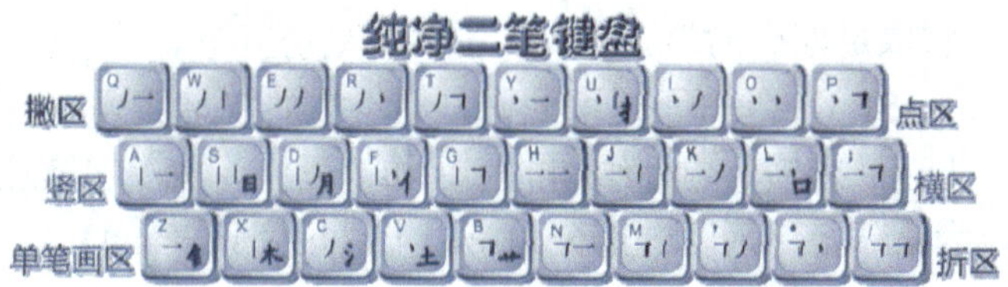

图 4-37

一个单笔画区：一、丨、丿、丶、┐五种单笔画，也按从左至右的顺序排列。为了帮助记忆，我们可以从横区出发，经竖区、撇区、点区、折区到单笔画区，走过的路线，就像阿拉伯数字的“9”字，记忆口诀为“九九归一”，这个“一”就是指单笔画区，如图 4-38 所示。

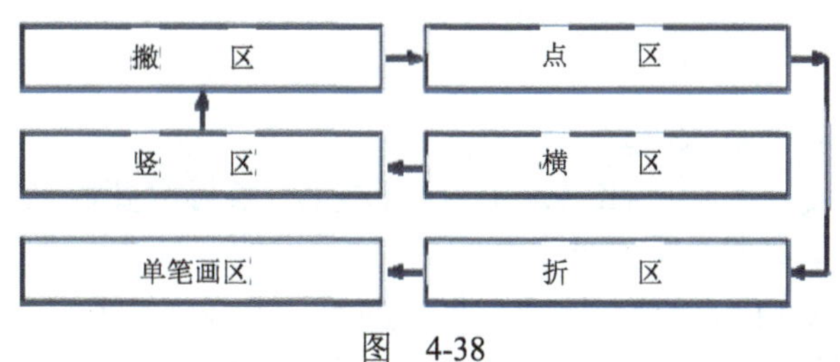

图 4-38

十个偏旁部首：为了提高输入速度，减少重码，纯净二笔在键盘上设置了 10 个使用频率较高的偏旁部首，即“钅、木、氵、土、艹、日、月、人（亻）、口、扌”。打字时遇到这十个设定的部首则不能拆分。它的记忆口诀为：“金、木、水、土、草、日、月、人、口、手”。但在这里要注意的是：这十个偏旁部首本来应为独立的字，但是当有笔画穿过这十个偏旁部首时，则这些偏旁部首要按笔画进行拆分。（如“教”字，本来它的部首“土”是独立的字体不能拆分的，但是因为有一撇穿过“土”字，所以它要被拆分）。

4.5.2 使用技巧

1．单字输入

汉字分为独体字和合体字两大类。

（1）独体字指无法分上下、左右、内外结构，笔画相连成为一个整体的字，如“白”字。它最多取四码。输入规则见表 4-10。

表 4-10

取码顺序	第一码	第二码	第三码	第四码
取码要素	拼音首字母	第一、第二笔	第三、第四笔	第五笔

例如，术 S+J（一丨）+R（丿丶）+V（丶）=SJRV（其实“术”字用 SJR 这 3 个键就能打出来）

注意：

① 独体字是十个偏旁部首之一时应直接取其代码。

如木 M+X（木）=MX（木是十个偏旁部首之一）

② 独体字只有足够取足四码的笔画时，才需要取足前五笔。

如十 S+J（一丨）=SJ（十笔画不足取四码，则不需要取足四码）

（2）合体字指有上下、左右、内外结构的字，如“爱”，按汉字笔顺规则把合体字拆成两半，先写的部分定为第一半，后写的部分为第二半。规则见表 4-11。

表 4-11

取码顺序	第一码	第二码	第三码	第四码
取码要素	拼音首字母	第一半的第一二笔	第二半的第一二笔	第二半的第三四笔

例如“试”字是 S+P（丶┐）+H（一一）+A（丨一）=SPHA（“试”字实际上用 SPH 3 个键就能打出来）

注意：

① 当遇到部首时取部首代码。

如铁 T+Z（钅）+Q（丿一）+K（一丿）=TZQK（实际只要取 TZ 就能打出来）

② 当第一半为单笔画时，应取单笔画。

如旧 J+X（丨）+S（日）=JXS（“旧”字的第一半为单笔画）

③ 当第二笔遇到部首时，因为部首不能拆，所以应取单笔画。

如逗 D+Z（一）+P（丶┐）+V（丶）=DZPV（第一半的第二笔是部首“口”，所以只取第一笔“一”）

④ 当按笔顺的第一半只能先写第一笔时，应取单笔画。

如式 S+Z（一）+J（一丨）+Z（一）=SZJZ（写完第一半的第一笔，接着就写第二半）

匹 P+Z（一）+T（丿┐）=PZT（写完第一半的第一笔，接着就写第二半）

⑤ 取完第二半的笔画后，不能再取第一半的笔画。

如困 K+G（丨┐）+X（木）=KGM（取完第二半“木”后不能再回头取第一半“口”的最后一笔“一”）

衍 Y+E（丿丿）+C（氵）=YEC（“衍”的第一半是“行”，第二半是“氵”，取完第二半“氵”后不能再回头取第一半的“亍”）

哀 A+Y（丶一）+L（口）=AYL（“哀”字第一半是“衣”，第二半是“口”，取完第二半“口”后就不能再取第一半剩下的部分）

（3）多音字的取码：拼音首字母不同的多音字，有几种首音就有几种取码方法。

例如，乐 L+T（丿┐）+D（丨丿）+V（丶）=LTDV（实际只需 LTD）

乐 Y+T（丿┐）+D（丨丿）+V（丶）=YTDV（实际只需 YTD）

（4）不知读音字的输入：用字母 i 代替首音即可。

例如，“濡”字不知读音时输入：I+C（氵）+L（一丶）+M（┐丨）=ICLM

（注：“雨”字的第一、二笔是“一、丨”，但作为偏旁部首的“雨字头”的第一、二笔应该是“一、丶”）

（5）一级简码：是指用一个字母加空格即可打出的汉字。纯净二笔的一级简码如下：

Q（起）W（为）E（而）R（人）T（他）Y（一）U（大）I（有）O（我）P（平）A（安）S（是）D（的）F（分）G（个）H（和）J（就）K（可）L（了）Z（在）X（学）C

（成）V（这）B（不）N（你）M（们）

2．词组输入

（1）二字词：取每个字的前两个码。

例如，计算 JPJ+SQG=JPSQ

（2）三字词：取第一字的前两个二码和最后两个字的第一码。

例如，计算机 JPJ+SQG+JX=JPSJ

（3）四字词：取每个字的第一码。

例如，兴高采烈 XOQ+GY+CRX+LKO=XGCL

（4）多字词：取前三字的第一码和最后一字的第一码（前三末一）。

例如，汉字输入法 HC+ZO+S；+RR+FC=HZSF

中国少年先锋队 ZG+GG+SD+NQ+XQ+FZT+DM=ZGSD

注意：一级简码字在二字词中或三字词的首字时，应取前二码。

例如，人民：RFMN（“人”字是一级简码字，但输入二字词时要取 2 码）

第 5 章　文字编辑基础知识

掌握了规范的录入法，成为文字录入能手，但学会了对文字的录入还远远不够，接下来请跟随我们，让我们一起来提高技能吧！掌握一些印刷排版的基础知识。

本章将教给你

- 印刷文字常识
- 排版工艺常识
- 校对知识
- 电子排版工艺基础知识

学完本章后你应该

- 能校对排版
- 会版面修改
- 熟悉印刷常识
- 精通排版工艺

5.1　基本常识

5.1.1　印刷文字常识

文字是人类文化的重要组成部分。无论在何种视觉媒体中，文字和图片都是其最大的两种构成要素。文字排列组合的好坏，会直接影响版面的视觉传达效果。因此，文字的属性设置是增强视觉传达效果，提高作品的诉求力，赋予版面美感的一种重要构成技术。

在计算机普及的现代设计领域，文字的美术设计及文字的组合问题应该是由人脑来完成的，计算机无法代替。但文字排列组合和视觉效果工作很大部分是用计算机帮助完成的，并利用设计所提供的数十上百种或更多的现成字体，将文字原稿，按照设计请求，组成规矩的版式再印刷出来。

1．汉字字体

目前可将各类汉字的字体分为三大类型。第一类是从宋代活字印刷发展起来的宋体、黑体（包括粗、细等线体）等；第二类是由书法演变而来的字体，如楷体、仿宋体、行楷、隶体、魏体、舒体、颜体、瘦金体以及钢笔书写的字体等；第三类是属于美术字体，如综艺、美黑、琥珀、水柱等。其他字体多是属于以上三类字体的变异，例如，由宋体演变的大标宋、小标宋、报宋、长宋、中宋、姚体等；由黑体演变而成的大黑、平黑、粗黑、等线体（包括粗、中、细等线体，后又演变出粗、准、细圆体）等；由楷体、仿宋体等演变而来的中楷和细仿宋等；由黑体和宋体演变而来的美黑；由隶体演变而来的隶变体等。

2. 印刷文字设计的原则

（1）文字的可读性

文字的主要功能是在视觉传达中向大众传达作者的意图和各种信息，要达到这一目的，就必须考虑文字的整体诉求效果，给人以清晰的视觉印象。因此，设计时文字应避免繁杂零乱，要让人易认、易懂，切忌为了设计而设计，而忘记了文字在设计中的根本功能是为了更好、更有效地传达作者的意图，表达设计的主题和构想意念。

（2）赋予文字个性

印刷文字要服从于作品的风格特征。文字的设计不能和整个作品的风格特征相脱离，更不能相冲突，否则，就会破坏文字的诉求效果。一般说来，文字的个性大约可以分为若干种：端庄秀丽、格调高雅、华丽高贵、坚固挺拔、简洁爽朗、现代感强、视觉冲击力强、深沉厚重、具有重量感、庄严雄伟、不可动摇、欢快轻盈活泼、跳跃明快、节奏感和韵律感强、生机盎然、苍劲古朴、朴素无华、造型奇妙等。

（3）文字在视觉上应给人以美感

在视觉传达的过程中，文字作为版面的形象要素之一，具有传达感情的功能，因而它必须具有视觉上的美感，能够给人以美的感受。字形设置良好、组合巧妙的文字能使人感到愉快，留下美好的印象，从而获得良好的心理反应。

（4）在设计上要富于创造性

根据作品主题的要求，突出文字的个性色彩，创造与设置与众不同的独具特色的字体，给人以别开生面的视觉感受，有利于作者意图的表现。设置时，应从字的形态特征与组合上进行探求，不断修改，反复琢磨，这样才能创造出富有个性的文字设置，使其外部形态和设计格调都能唤起人们审美的愉悦感受。

3. 文字的组合

文字设置得成功与否，不仅在于字体自身的，同时也在于其运用的排列组合是否得当。如果一件作品中的文字排列不当，拥挤杂乱，缺乏视线流动的顺序，不仅会影响字体本身的美感，也不利于观众进行阅读，难以产生良好的视觉传达效果。要取得良好的排列效果，关键在于找出不同字体之间的内在联系，对其不同的对立因素予以和谐的组合，在保持其各自的个性特征的同时，又取得整体的协调感。为了造成生动对比的视觉效果，可以从风格、大小、方向、明暗度等方面选择对比的因素。为了达到整体上组合的统一，又需要从风格、大小、方向、明暗度等方面选择协调相同的因素。将对比与协调的因素在服从于表达主题的需要下有分寸地运用，能造成既对比又协调的，具有视觉审美价值的文字组合效果。所以文字的组合中，要注意以下几个方面：

（1）人们的阅读习惯

文字组合的目的，是为了增强其视觉传达功能，赋予审美情感，诱导人们有兴趣地进行阅读。因此在组合方式上就需要顺应人们心理感受的顺序。下面是人们的一般阅读顺序：水平方向上，人们的视线一般是从左向右流动；垂直方向时，视线一般是从上向下流动；大于45°斜度时，视线是从上而下的；小于45°时，视线是从下向上流动的。

（2）字体的外形特征

不同的字体具有不同的视觉动向。例如，扁体字有左右流动的动感，长体字有上下流动的感觉，斜体字有向前或向斜流动的动感。因此在组合时，就要根据不同字体视觉动向上的差异，进行不同的组合处理。比如，扁体字适合横向编排组合，长体字适合竖向编排组合，斜体字适合横向或倾斜的排列。合理运用文字的视觉动向感，有利于突出设计的主题，引导观众的视线按主次轻重流动。

（3）要有一个设计基调

对作品而言，每一件作品都有其特有的风格。在这个前提下，一个作品版面上的各种不同字体的组合，一定要具有一种符合整个作品风格的设计倾向，形成总体的情调和感情特征。不能每种文字自成风格，各行其是。总的基调应该是整体上的协调和局部中的对比。于统一之中又具有灵动的变化，从而产生对比和谐的效果。这样，整个作品才会有视觉上的美感，符合人们的欣赏需求。除了用统一文字个性的方法来实现设计的基调外，还可以从方向性、色彩的运用等方面来达到文字统一基调的效果。

（4）注意负空间的运用

在文字组合上，“负空间”是指除字体本身所占用空间之外的空白，即字间距及其周围的空白区域。文字组合的好坏，很大程度上取决于负空间运用得是否得当。字的行距应大于字的间距，否则观众的视线难以按一定的方向和顺序进行阅读。不同类别文字的空间要作适当的集中，并利用空白加以区分。为了突出不同部分字体的形态特征，应留适当的空白，分类进行集中。在有图片的版面中，文字的组合应相对较为集中。如果是以图片为主要的诉求要素，则文字应该紧凑地排列在适当的位置上，不可过分变化分散，以免因主题不明而造成观者视线流动的混乱。在现代印刷领域，一切制作的过程均由电脑代劳，人类的设计劳动仅限于思维上，这是好事，省却了许多不必要的工序，为创作提供了更好的条件，但是，在某些必要的阶段上，还是不能完全让计算机来做，人，毕竟是活的。

5.1.2 汉字字体特点及应用

汉字字体的特点，这是涉及整个现代汉字学内容的重要理论问题。分析认识汉字的各种属性：字量、字形、字音、字序等方面的特点，其实就是从更细微之处进一步深入认识汉字的性质和特点。汉字是记录汉民族语言的文字符号，是表意文字，是形音义的统一体，是世界上最古老的文字之一，它的字体及特点的演变过程已经有三千多年的历史了。汉字的字体—— 汉字的形体本身经历了甲骨文、金文、籀文、小篆、隶书、楷。而我们在信息技术上所侧重的是信息处理上的特点。所以汉字用于机械处理和信息处理比较困难。我们从以下几个方面来认识。

1）汉字数量多。由于现代汉语通用字有 7 000 多个。如果涉及专业领域的用字，则数量更多。因此这样多的汉字用机械处理的方式处理当然会比较困难。

2）汉字结构复杂。大多数汉字笔画在 10 画左右，多的有好几十画，而且汉字笔画和部件组合的模式也非常复杂，虽然我们可以给这些汉字的构造单位的组合方式归类，但字与字间观察比较，可以说是一个字有一个字的构造模式，信息处理就非常困难。

3）打字成为一门技术。相比较而言，音素文字由于数量有限，机械处理就没有障碍，比如用拉丁字母，只有 26 个，加上大写字母也只有 52 个，加上其他字符（如标点符号等），总量不超过 100 个。所以英文的字符可以全部搬上键盘，而把 7 000 个汉字照搬上键盘，那简直是不可想象的。所以在我国，打字需要专门学习。我们可以用英文和汉字做个比较，这种差异就看出来了。现在电脑处理文字信息，一般使用点阵表示，即用电子方阵来表示一个字符，每个方阵有若干个格子，其中有笔画的点亮，没有笔画的点暗，这样就实现了文字自负的显示。显示英文，最低要用 7×9 点表示一个字符（一般要使用 9×12 点），显示汉字，最低要使用 16×16 点表示一个字符（一般要用 24×24 点）。英文的字符我们算 100 个，汉字的字符只算 7 000 个，那么所占的点是：

英文：7×9×100=6 300 点

汉字：16×16×7 000=1 792 000 点

4）汉字字形存储量在计算机中所占的空间大。汉字字形存储量是英文的 280 多倍，差距之大是惊人的。汉字的机械化处理以前之所以落后于其他文字，因为 7 000 个汉字字符需储存 1 750k 位，而英文不到 10k 位，在计算机发展之初，根本就没有那样大的内存。当然，在电子计算机储存量急速扩大的今天，这个问题已经得到顺利解决，但比较拉丁字母，汉字的局限仍然是明显的。如图 5-1、图 5-2 所示。

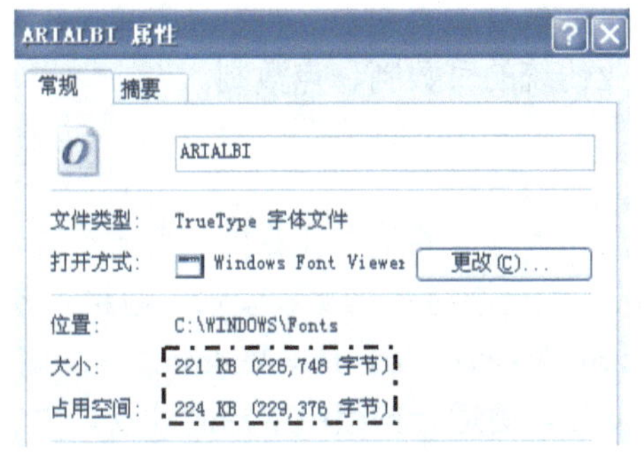

图 5-1　西文字体属性

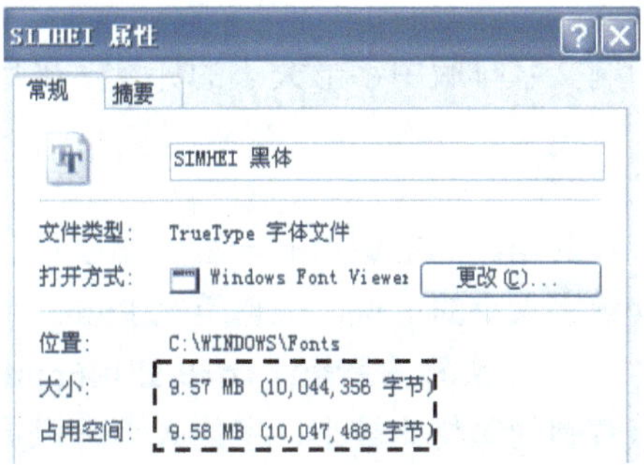

图 5-2　汉字字体属性

5.1.3　字形修饰

字从契刻、书写到活字印刷、机械化印刷工艺再到数字代码出现在电子、网络媒体上，载体与技术的更新不仅提高了信息化处理的效率，而且使人类传播活动的性质和方式发生了重大变化。活字印刷术的发明是一项划时代的成就，是继文字发明后人类文明第二次大跃进，而今天的计算机信息技术便是第三次，文字已不仅只出现在纸上。但目前我们字库字体基本上是用于印刷的，而不是专为网络等电子媒体而设计，这些字从屏幕上看起来视觉上会有些不一样。如果能根据人的视觉习惯和媒体的特点，设计适用于电子媒体的字体，是有实际意义的一种创新。比如说调整文字负空间的尺寸，调整字形、结体的空间比例等。也就是我们所熟知的对文字的倾斜、加粗、加下划线、添加边框、添加底纹、缩放字符、设置字符颜色等设置效果，如常规、倾斜、加粗、加下划线、添加边框、加底纹、缩放字符、字符颜色。

字体修饰，其主要目的是为了特定的用途或者是环境而提出一个解决问题的办法，因此字体修饰必须具备一定的识别性与易读性。文字是因阅读而产生，为阅读设计的文字如果为了所谓“美感”而失去了功能，便是本末倒置。汉字是中国文化智慧的结晶，是中国特有的视觉信息符号。自从印刷术发明以来，印刷字体也逐步从手写书法中分离出来，衍变成宋体、仿宋、楷体等。字体，即文字符号视觉形式的风格类型。印刷字体是专为通过印刷及其他技术方式进行复制而设计的字体，因此必须符合工业化加工的质量要求和技术标准，并且具备统一、美观而又易于阅读的结构形式。了解字体设计的原理、方法，熟悉各类字体的风格特点，是我们应该具备的基本素养。印刷字体是印刷品给读者直观的第一印象，“字若其人”、“字若其体”，什么样的文章内容，选用什么样的印刷字体来加以烘托，历来是出版印刷工作者刻意追求的。对于现今采用计算机系统进行排版的从事人员来说，了解各字体种类风格，在应用上有根可寻，是很有必要的。字体修饰既具视觉美感，又能适合应用，具识别性、易读性的字体，可从多方面进行字体修饰的尝试、创新。

5.1.4 印刷文字的规格与制式

印刷文字排版中字形大小的计量，采用印刷业传统的号数制、点数制。

1. 数制

点数制是国际上通用的一种印刷字形计量方法。“点”并不是计算机字形的点阵，而是传统计量字大小的单位，来自英文 Point 的译音，一般用小写的英文 p 表示，俗称“磅”。

换算关系是：1p=0.35146mm≈0.35mm　1p=1/72in　1in=25.4mm

点数制的单位比较小，字的大小可以灵活地变化，更适合排版中字形的计量。电子排版系统中，实际上采用的是以号数为主、点数制为辅的混合制式。

2. 号数制

号数制是将一定尺寸的字形按号排列，号数越高，字形越小。号数制是我国目前表示字形规格最广泛的方法。

3. 制式换算

在电子排版系统中，点数制与号数制并存使用，互为补充，两者之间有换算关系。

印刷字号、磅数换算表。见表 5-1

表 5-1　印刷字号、磅数换算表

字　号	单位/ p	单位/ mm	主 要 用 途	字　样
小七号	5	1.75	叠排公式角标	丙午
七号	5.25	1.84	排角标	丙午

（续）

字　号	单位/p	单位/mm	主要用途	字　样
小六号	7.78	2.46	排角标、注文	丙午
六号	7.87	2.8	排角标、版权、注文	丙午
小五号	9	3.15	排注文、报刊正文	丙午
五号	10.5	3.67	书刊报纸正文	丙午
小四号	12	4.2	标题、正文	丙午
四号	13.75	4.81	标题、公文正文	丙午
三号	15.75	5.62	标题、公文正文	丙午
小二号	18	6.36	标题	丙午

4．符号及排法规则（见表5-2）

表5-2　符号及排法规则

序　号	名　称	符　号	排法规则（横排）
1	句号	。	不允许出现在行首
2	逗号	，	不允许出现在行首
3	问号	？	不允许出现在行首
4	叹号	！	不允许出现在行首
5	顿号	、	不允许出现在行首
6	分号	；	不允许出现在行首
7	冒号	：	不允许出现在行首
8	引号	“”	前半部分不允许出现在行尾；后半部分不允许出现在行首
9	括号	（ ）	前半部分不允许出现在行尾；后半部分不允许出现在行首
10	破折号	——	居中占两个字位置，回行时中间不允许拆开
11	省略号	……	居中占两个字位置，回行时中间不允许拆开
12	着重号	xxxx	排在字符下方
13	连接号	—或-	居中排，不允许出现行首
14	间隔号	·	居中排
15	书名号	《 》	前半部分不允许出现在行尾；后半部分不允许出现在行首
16	书名号	Xx 或 xx	仅用于在古籍或文史著作中，排字符下面

5．书刊排版中还有列出的一些特殊符号

隐讳号 xxx　虚缺号□□□　星号*　六角括号〔　〕

方括号[　]　黑月牙【　】小数点．斜线号/等。

5.1.5　外文字母与字体

1．字母

现在英文的26个字母其每个字母均是数百个年头才发展出来的个别符号。是使用了许多

世纪的唯一字形。小写或小的字母是在中世纪时由书法家、作家和学者，当他们抄写古抄本的书籍时渐渐发展而成。在抄大写时，把它们加以圆润，并变得小一些，使之更易书写，而不占多大空间。原来的大写字母仍保留，并放在句子之首及重要大字之前。如今使用的字母已足够组成各种句子，成为人与人之间良好的沟通工具。由于西方文化与思考模式的不同，其字母的发展方向与东方之间有很大的差异。

2．字体

字体：是指任何字形的分类、式样和尺寸。如图 5-3 所示。

种类：就是字形的名字，像“Batang”。

式样：是字面的长相，字形的式样包含细、缩挤、粗和斜的形式。

尺寸：当然是指实际字母的大小，以（Point<pt>）点或号为单位，一点大约是 1/72 英寸，如五号字是 10.5 点。

Arial (OpenType)

OpenType Font, Digitally Signed, TrueType Outlines
字体名称: Arial
文件大小: 359 KB
版本: Version 3.00
Typeface © The Monotype Corporation plc. Data © The Monotype Corporation plc/Type Solutions Inc. 1990-1992. All Rights Reserved

abcdefghijklmnopqrstuvwxyz
ABCDEFGHIJKLMNOPQRSTUVWXYZ
123456789.:,;(:*!?')

12 The quick brown fox jumps over the lazy dog. 1234567890
18 The quick brown fox jumps over the lazy dog. 1234567890
24 The quick brown fox jumps over the lazy dog. 123456789
36 The quick brown fox jumps over the la
48 The quick brown fox jumps c
60 The quick brown fox jui

图 5-3　各种字体

5.1.6　数字与符号

现在应用和演变的符号非常多，我们常用的有数学符号（见图 5-4），数字符号（见图 5-5），标点符号（见图 5-6），特殊符号（见图 5-7），单位符号（见图 5-8），拼音符号（见图 5-9），物理符号，化学符号等许多符号。

≈	≡	≠	＝	≤	≥	＜	＞	≮	≯	∷	±
＋	－	×	÷	／	∫	∮	∝	∞	∧	∨	∑
∏	∪	∩	∈	∵	∴	⊥	∥	∠	⌒	⊙	≌
∽	√	≦	≧	≒	≡	＋	－	＜	＞	＝	～
∟	⊿	log	ln								

图 5-4　数学符号

i	ii	iii	iv	v	vi	vii	viii	ix	x	Ⅰ	Ⅱ
Ⅲ	Ⅳ	Ⅴ	Ⅵ	Ⅶ	Ⅷ	Ⅸ	Ⅹ	Ⅺ	Ⅻ	1.	2.
3.	4.	5.	6.	7.	8.	9.	10.	11.	12.	13.	14.
15.	16.	17.	18.	19.	20.	⑴	⑵	⑶	⑷	⑸	⑹
⑺	⑻	⑼	⑽	⑾	⑿	⒀	⒁	⒂	⒃	⒄	⒅
⒆	⒇	①	②	③	④	⑤	⑥	⑦	⑧	⑨	⑩
㈠	㈡	㈢	㈣	㈤	㈥	㈦	㈧	㈨	㈩		

图 5-5　数字符号

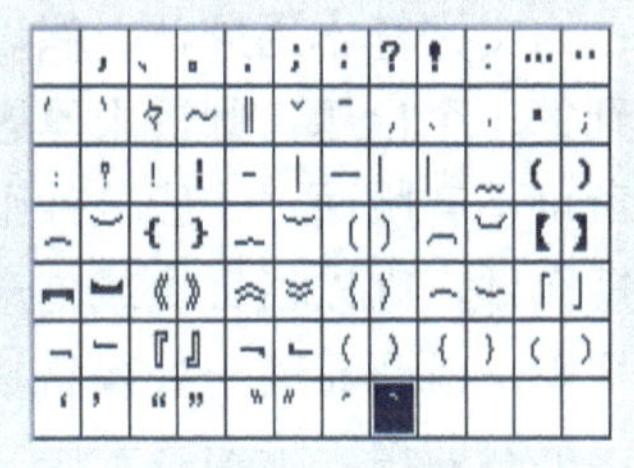
图 5-6　标点符号

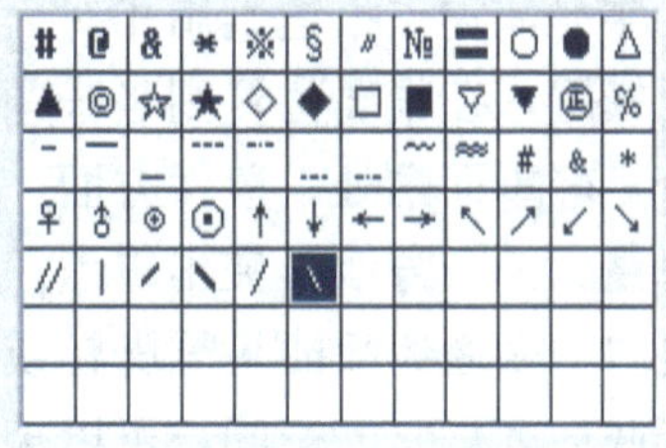
图 5-7　特殊符号

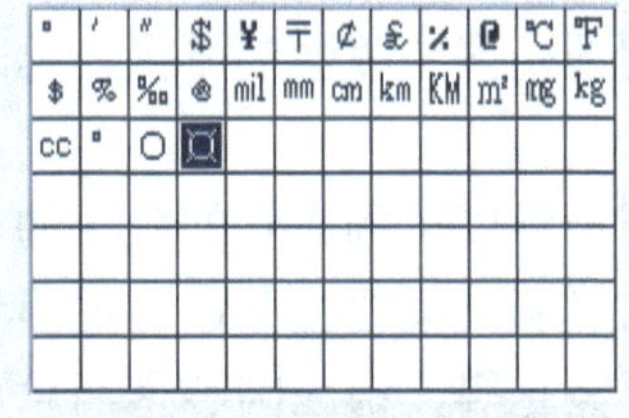
图 5-8　单位符号

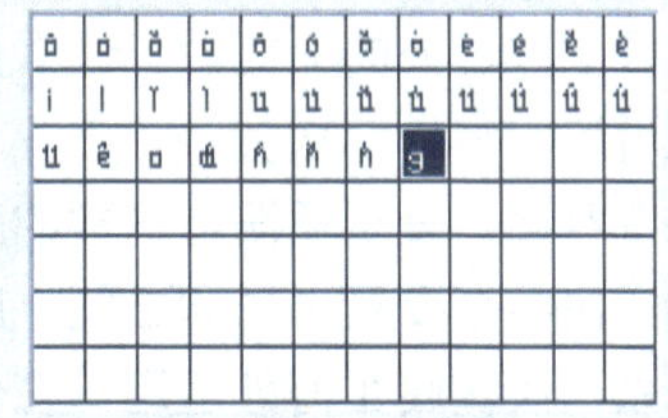
图 5-9　拼音符号

5.2　排版工艺常识

5.2.1　版面结构

版面指书、报纸、杂志、网页等每一页的整面，也可以指每一面的编排形式。不同版面有着不同的内容，体现着不同的风格，吸引不同的受众。现在无论是纸媒体还是视觉媒体都会通过各种手段提高自己的版面结构并注重版面编排形式，实现文字与图片、动画等各种手段的结合。

版面结构是指一种能够让浏览者清楚、容易地理解作品而传达信息的方式，也是一种将不同介质上的不同元素巧妙排列的方式。一个版面，是一个相对独立的视觉空间。让这个空间里的“事物”都能引起读者的阅读兴趣，常常是版面编辑苦心经营的目标。

版面结构如一门“综合艺术”，一篇文字，一幅图片，一条标题，一个版式。版式本身虽然没有具体内容，但它好似一只看不见的手，潜移默化地导引和主宰着读者的视线，从而传递版面的编排思想，体现报纸的品格、风范。版式是作品的脸面，是作品作为“产品”在采编之后、印刷之前的最后一道工序，历来为报业人所重视。

在版面上的要素是很多的。有线条，它的粗与细、浓与淡就形成对比；有字体，它的异与同、大与小就形成对比；有标题，它的长与短、竖与横、厚与薄就形成对比；有稿件，它的篇幅大与小、颜色的灰与黑就形成对比；有空间，它的密与疏、白与黑就形成对比；有功能分区，它的重点报道与常规报道、图片栏目和一般文字栏目等就形成对比。例如，可以就某一刊物首先基本确立各项要素之间的对比，并在日后不断完善和丰富。线条，可以基本用最细的线，只在版面某一紧要处用一相对较粗的线，同时，为突出某些栏目，以细线加框，却在拐角处以黑角线附着，这样，线与线之间对比亦很鲜明。字体方面，标题基本用大黑，以凸显庄重大方，某一文的标题或肩题或某一个词则改用准圆等字体，同是大黑字体的，又基本用差不多的字号，重点报道则用相对大的字号；内文则基本用宋体，偶以仿宋间之。它的标题，可以用横题，在紧要位置则竖一题；具体到每一个标题，则讲求厚题薄文，厚题之中，又据文章分量轻重而酌处。稿件方面，重头文章可不吝版面，一般稿件则求简略，这样一方面保证信息量大，一方面又突出重点；对于简短稿件，则以栏目块或刻意编排推出，避免杂乱；文章区内，为避免版面头重脚轻或整体不平衡，或凸显某一处容易被视线所忽略的内容，则以淡灰底衬之。它的空间，可以疏密有致，多有留白，标题基本居左，亦是在有限的空间内尽量留白，这样便给人以视觉缓冲的效果。功能分区方面，重点报道与常规报道分明，如果有对比段编辑处理，常规报道同样能吸引注意，不致忽略，同时，应在版面视觉中心位置，安排有视觉冲击力的大图片，给人的感觉便是整个版面的平衡。总之，版面上能够凸显对比手法是否运用得娴熟自如。

事实上，光有对比，没有章法，这样的版面还是难以达到应有的效果的。这就要求整体版面布局的协调，使各个要素之内和之间，既对比鲜明，又相互和谐。如黑角线长短与栏目框长短的对应关系，淡灰底在何处运用，在何处用竖题等，都应因和谐而用对比手法。和谐的效果是与版面编辑的审美情趣相关的。当然，任何东西见得多了，人们就常常会见怪不怪，当初新的东西也会变得陈旧了。

用一句时髦的话讲，就是固有的好东西长期存在下去也容易造成“审美疲劳”。对比手法的运用同样是不变的，变的则是某些固定的已经为人们可能厌倦的模式。在整体风格不变的情况下，细部可以多琢磨，比如，放弃原来的粗黑线，以粗灰线代替；打破条条框框，在版面头条位置以两栏到底重新进行版面功能分区等，给人变中有不变，不变中有变化的感觉，与时俱进，新意迭出。做到这一点，离不开扬弃意识和创新意识。不断扬弃，不断创新，版面就能够日日新，月月新，年年新，并牢牢地抓住读者。

5.2.2 常见出版物的规格

1. 开本的类型和规格

所谓开本就是切成几份的意思，例如，8 开的纸就是全开的 1/8 大（对切三次）。设计前要先选定纸张尺寸，因为印刷的机器只能使用少数几种纸张（通常是全开、局全开），一次印完后再用机器切成所需大小，所以若无特殊需要，不要用表 5-3 以外的特殊规格，以免纸张印不满而浪费版面。由于机器要抓纸、走纸的缘故，所以纸张的边缘是不能印刷的，因此纸张的原尺寸会比实际规格要大，等到印完再把边缘空白的部分切掉，所以才会有全尺寸与裁切后尺寸的差别。

表 5-3　印刷常用规格尺寸　　单位（mm）

规　格	全 开 纸	对 开 成 品	4 开成品	8 开成品	16 开成品	32 开成品
大度	889×1 194	860×580	420×580	420×285	210×285	210×140
正度	787×1 092	760×520	370×520	370×260	185×260	185×130

我们平时所见的图书均为 16 开以下的，因为只有不超过 16 开的书才能方便读者的阅读。在实际工作中，由于各印刷厂的技术条件不同，常有略大、略小的现象。在实践中，同一种开本，由于纸张和印刷装订条件的不同，会设计成不同的形状，如方长开本、正偏开本、横

竖开本等。同样的开本，因纸张的不同所形成不同的形状，有的偏长、有的呈方。

2．常见出版物的规格

名片

横版：90×55mm<方角>85×54mm<圆角>

竖版：50×90mm<方角>54×85mm<圆角>

方版：90×90mm、90×95mm

IC 卡：85×54mm

三折页广告

标准尺寸：（A4）210mm×285mm

普通宣传册

标准尺寸：（A4）210mm×285mm

文件封套

标准尺寸：220mm×305mm

招贴画

标准尺寸：540mm×380mm

挂旗

标准尺寸：8 开　376mm×265mm

4 开　540mm×380mm

手提袋

标准尺寸：400mm×285mm×80mm

信纸　便条

标准尺寸：185mm×260mm、210mm×285mm

新闻纸尺寸有：547mm×392mm、545mm×370mm

常见新闻纸又有以下几种规格：

卷筒纸宽度分宽度 1 575mm、1 092mm、880mm、787mm，长度约 6 000～8 000m 4 种；

平板纸的原纸尺寸按大小分为：880mm×1 230mm、850mm×1 168mm、880mm×1 092mm、787mm×1 092mm、787mm×960mm、690mm×960mm 等 6 种。

图书杂志开本及纸张幅面尺寸的标准，国家规定是采用 880mm×1 230mm、900mm×1 280mm、1 000mm×1 400mm 未裁切的单纸张尺寸印刷。

5.2.3　常见印刷品开本和字号

1．印刷品开本

1）大型本。12 开以上的开本。适用于图表较多、篇幅较大的厚部头著作或期刊。

2）中型本。16～32 开的所有开本。这属于一般开本，适用范围较广，各类书籍均可应用。

3）小型本。适用于手册、工具书、通俗读物或单篇文献，如 46 开、60 开、50 开、44 开、40 开等。

2. 字号

字号是区分文字大小的一种衡量标准，国际上通用的是“点”制。在国内则是以“号”制为主，点制为辅。号制是采用互不成倍数的几种活字为标准的，根据加倍或减半的换算关系而自成系统。可以分为四号字系统、五号字系统、六号字系统等。字号的标称数越小，字形越大，如四号字比五号字要大，五号字又要比六号字大等。

点制又称为“磅”制（p），是通过计算字的外形的“点”值为衡量标准。根据印刷行业标准的规定，字号的每一个点值的大小等于 0.35mm，误差不得超过 0.005mm。如五号字换成点制就是等于 10.5 点，也就是 3.675mm。外文字全部都以点来计算，每点的大小约等于 1/72 英寸，即等于 0.35146mm。

字号的大小除了号制和点制外，在传统照排文字时的大小，则以 mm 为计算单位，称为“级（J 或 K）”。每一级等于 0.25mm，1mm 等于 4 级。照排文字能排出的大小一般由 7 级到 62 级，也有从 7 级到 100 级的。在计算机照排系统中，有点制也有号制存在。在印刷排版时，如遇到以号数为标注的字符时，必须将号数的数值换算成级数，才能够掌握字符的正确大小。

号数与点数的换算关系是：

1J=1K=0.25mm=0.714 点（p）

1 点（p）=0.35mm=1.4 级（J 或 K）

5.3 校对知识

校对就是按照原文的格式及要求，在校样上检查错误。

5.3.1 校对的职责

1. 初校的职责

必须依照原稿在校样上逐字逐句地校对，把文字、符号和图表上的错误基本消除。

（1）版面规格　根据发排单和版式样，检查校样的版心大小是否正确，每行字数，每面行数，正文字体字号有没有排错。

（2）格式　毛校是不管格式的，如题目占几行、排法是否一致、另面排、另页排等，在一校时各个解决，其他如页码、目录、图、表的排法都应按照版式设计要求，力求完美统一，并填好目录页码。

（3）字体字号

（4）文字和标点

（5）索引、扉页、书眉、中缝

2. 二校的职责

二校仍是对照原稿逐字逐句地进行校对。重点注意放在全书体例及版面格式等方面的问题。同时，改正初校漏校的各种错误。如标题位置、各章节的安排、统一问题等。

3. 三校的职责

应对照原稿，继续检查校样的差错，查看初、二校有无漏校之处，注意力应遍及全部校样，包括封面、目录、版本记录、附录和零件在内。因为三校是通体校对的最后一次，所以校对人员应运用自己的知识和工作经验，兼顾发现并纠正原稿的文字差错、知识性差错，同时注意全书各组成部分的统一与准确，不能有所缺漏。

5.3.2 校对的过程及要求

1. 校对工作的一般程序

整个校对过程，除特殊情况外，一般经过初校、二校、三校和核红（亦称对红）四个校次。书刊校样经过三个校次送请编辑解决遗留问题后签字付型。付型样如有改动，还必须核红一次。如果改动较大，或质量要求较高的书，可适当增加校次。

1）初校→退改→二校→退改→三校→整理→退改→核红→付印（型）。

2）初校→退改→二、三连校→整理→退改→核红→付印（型）。

3）初、二连校→退改→三校→整理→退改→核红→付印（型）。

4）初二、三连校→整理→退改→核红→付印（型）。

2. 校对，交叉三校制

1）校正校样上的错字、别字、歪字、倒字、横字及多字、缺字、漏字，以及接排、另行、字体、字号等错误。

2）改正符号或公式的错误。

3）检查版式是否符合要求，包括标题、表题、图题有无偏斜；字体、字号是否统一；页码是否连贯，书眉（或中缝）单双码是否排对，线条粗细是否适宜。

4）检查注释和参考文献的次序和正文所标号是否吻合。

5）注意插图、表格的地位是否恰当和美观。

6）校正图、表的位置，注意方位的平正。

7）检查行距是否匀称，字距是否合乎规定。

8）检查各级标题的字体、字号是否统一。

9）不符合版式要求时，应作必要统一。务必做到指示详明，便于改版。

5.3.3 校对的方法

1. 基本的校对方法

（1）对校法

以比较为特征。（“长处在不参己见”，“短处在不负责任”）是古代和现代校对的基础。校对工作专业化的必要性方法。

（2）本校法

校对人员在无原稿（或脱离原稿）的情况下，集中注意力辨别文字的形态，理解文句的含义，通过比较、前后互证来发现错误和解决格式等方面的问题。

（3）他校法

利用各种标准和规范的图书与所校的原稿对照，找出不标准、不规范的地方并加以改正的一种校对方法。

（4）理校法

校对者运用自己的知识进行分析、推理，在通读中对原稿是非做出判断的校对方法。

对校法、本校法、他校法、理校法是四种传统的校对方法，为现代著名学者陈垣所提出。发展到今天，应用更为广泛。必须强调的是：四种基本校对方法，应当综合运用，但不同校次各有侧重。比如在对校时，应把重点放在比照上，一般不要去做“他校”和“理校”。又如在本校时发现了矛盾，首先要对校，查查原稿，以排除录排错误，如果不是录排错误，再用其他校法。

历史在进步，事物在发展，校对方法也在不断地创新。现代对校法中的折校、点校和校改后的核红、整理以及制片后的对片，都是在传统对校法基础上的创新。“人机结合”的校对方法是在计算机技术介入出版生产之后创造的。我们把这些新的校对方法称为现代校对方法。

（5）现代校对实践创造的校对方法

1）核红。核红，又叫对红。即核对上校次改动的字符是否改正，有无错改。核红看似简单，其实是技术性很强的工作，其技术要领是：第一步，核对上校次改动的字符，至少核对两次；第二步，如果发现应改而未改的字符，就要搜检上下左右相邻字符有无错改，以防邻行邻位错改；第三步，比对红样与清样四周字符有无胀缩，如有胀缩，就要对相关行及其上下行逐字逐句细查，找出胀缩原因，改正可能存在的错误。

2）文字技术整理，简称“技术整理”或“整理”经过发排处理的版样和原稿由于形式不同，因而造成文中的脚注、插图、公式、表格、标题等的位置往往不能与所预期的相一致，这就出现了版式的处理问题。当遇到大部头书稿，为缩短出版周期一般都采用分校制。由于校对员的业务水平和知识素养以及对问题的处理方法有异，校对质量不可能一致；而且在同一部完整书稿的不同篇章中，可能会出现因不同校对员对同一类问题的处理方法不一致而导致前后文不统一，这又出现了统一格式的问题。如果在付印前能够仔细地对书稿进行有效的技术整理，不仅能弥补一般校对难以避免的疏漏，同时也能发现编辑校对加工中所遗漏的技术性问题。

3）整理的内容。整理的内容主要有 5 项：

① 根据正文标题核对书眉、目录、扉页、版权页和封面上的标题，检查文字是否一致，页码是否相同。

② 检查正文各级标题的字体、字号、占行和位置是否符合设计要求；检查插图的形象与文字说明是否相符。

③ 检查图表与正文是否衔接；检查表格和公式是否准确规范。

④ 检查正文注码与注文注码是否相符。

⑤ 解决相互关联的其他问题。

2. 具体的校对方法

基本的校对方法在校对工作中的具体运用就形成了具体的校对方法。它主要表现在具体的书稿校对上。

（1）封面、扉页、版权页的校对

这里说的封面，实际包括封底和封脊。因为这三者同时构成一本书的封皮，印刷时是同时印的，设计版样时也是同时设计的。包括书名、著译者名，如果是丛书还有丛书名。封脊与封面一样，封底有书号、定价。

（2）内封又叫副封面或扉页，是书籍的第二道“门户”，起着保护正文和重现封面的作用，在封二或衬页的后面的单张页。内封一般有书名、编著者、出版单位等内容，通常是居中排，其版心应与正文相同。版权，又称“版本说明页”，主要供有关方面了解本书的出版情况，放在主书名页即内封的背面或背面的下部。它的上部放 CIP 数据。版权上一般有：书名、编著者、出版单位、发行单位、印刷单位、出版日期、出版记录、标准书号、定价等。校对时，出版物名称、著译者、出版者名称三者必须一致，印在封底和版权页的书号、定价也必须一致。校对时应分别校对原稿和发稿单。注意字体、字号和版式是否合乎要求。

（3）目录的校对

目录是正文标题体系的集中，但也有所取。校对目录的首要原则是与内文完全一致，包括文字、序码、标点，因此，在按原稿校对后，还应把目录上的内容与内文一一核对，不能有丝毫差错。特别要注意页码的完全正确。注意各级标题的字体、字号和版式，二、三校及整理、核红时，一律按正文中篇、章、节的各级标题名称核对。

正文中标题名称如有删改，目录中相应的标题也应随之改动。

3. 标题的校对方法

图书刊物中的标题是章节或文章的“眼睛”，自古以来就有“文眼”之说，如果连标题都错了，那它的危害比正文差错更为广泛、严重，不能不引起我们的注意。

有的图书，如政治、经济、哲学、历史等，标题比较简单；有的图书，如教育、文艺、翻译、科技等，标题层次多，字体、字号变化大，在校对标题的技术处理上，除审查标题内容外，还要掌握标题的类型，根据不同类型的标题采取相应的校对方法。

（1）密排题

这类标题由几个词组成或包含几个分句的复句组成，如“校对主客体的校对规律”、“校对的起源和演变”，这类题字相互之间不加任何的等距空。校对时，一是注意标题文字的长度，一般不超过版心宽度的五分之四，一行排不下可以转行，转行以不割裂词意为宜；二是注意字体、字号是否与书稿标号相符、完整；三是注意标题中有无错别字；四是注意整个标题的位置是否居中或者靠切口，标题四周的环白是否匀称；五是注意题意与目录、文意是否统一。

（2）疏排题

这类标题的内容一般很简单，有时只用一个单音字，如巴金的“家”、“春”、“秋”等；有时用一个名词或词组，如“春桃”、“夏伯阳”、“异国情恋”等。标题间空也有规律，一般是二字间空三字地位，三字间空两字地位，四字间空一字地位，五字间空半字地位，六字至八字中间空 1/4 字地位，八字以上不间空。校对这类标题时，注意题字之间是否等距，有无偏差；在一则标题排两行时，做到回行恰当，根据原稿批注要求，或左右居中，或转行并肩。要照顾字、词的联系，上行与下行长短不一致是正常的，因文而异，不拘泥刻板。

（3）装饰题

装饰题多见于文艺类图书，如戏剧、诗歌、小说、散文集等。小学教辅读物中的“思考与练习”、“动脑筋”等也比较习惯加花边装饰。标题简约，为 1～4 个字，在字周围加花边装饰巧作，尽量缩小标题环白，以求美观匀称。校对时应注意花边图形是否一致，有无不规范排列，有无别种花边混入，纠正其不规则的部位。

（4）单行题

单行题仅一行主题，无分题与副题。校对时要注意原稿批注：或左右居中，或紧靠切口，或横排加线框，或竖排在围框之中等，并注意字体字号，无杂字夹入。

（5）多行题

多行题指两行或两行以上的标题。应按题稿的书写顺序分次校对，使主题长于引题、副题。因为双行或多行副题题字是按照主题与副题的比例排列的，所以首行需空两字，回行要顶齐。在校对多行副题时，人名、地名、国名不要断开回行，将副题结尾的标点符号（多为句号）删去，以空白不超过字体本身的一个字的距离为宜，在疏排时不超过字体本身等距两倍为妥。据所校图书的版面大小，在行距上，主题上下空白，小于整题的上下留白较合适，对副题的行距，要稍小于主题上下的空白。

（6）图解题

多见于“中小学生写作训练”或“作文大全”之类的图书。它以图画代文字标题，校对时要注意构图是否符合科学，是否与前后文字一致等。

在以上各类型的标题校对中，虽各具个性特点，但也有共通之处，主要有以下几点：

1）回行不能割裂词汇。

2）除问号、引号、感叹号、省略号外，标题不用标点符号。

3）版面下方的标题至少要排一行正文，不可背题。

4）文字校对方法。

文字校对是重点。排版技术好，一般书报刊三校一读，辞书五校三复核。文字常有四误：一错、二漏、三多、四颠倒。字错大多由同音混淆、繁简不当引起。字颠包括字体、符号倒置和字、词、句前后颠倒。

文字三校要全面注意，各有侧重。初校重点解决字句遗漏、重复、颠倒、明显错字、排版格式、字体形号问题。书的封面、扉页、版权页、脊背中的出版单位和作译者名，刊物期数与总期数等要统一。外文根据音节转行。脚注、篇后注序码与正文序码要一致，空两格起排。书刊引文出处按著者、文章著作、卷数、页数、出版单位、年份顺序排列；报纸引文出处按著者、篇名、报名、年、月、日、版顺序排列。一校着重解决文字错误，标符、转版问题。转版不可将词组拆开，应在句号或逗号后面，避免意思的突然中断；二校通读，搜查错处，斟酌文字以及重要的政治性词汇，人名、国名、地名、单位名、年代、数字要核对原稿，订正不妥之处，未改处上下三行各检查一遍，以免有错；三校全面检查，通读推敲文章内容，弥补疏漏，仔细核对目录页码。

5.3.4 校对符号

校对符号是用来标明版面上某种错误的记号，是编辑、设计、录入、排版、改版、查红样、校对人员的共同语言。排版过程中的错误是多种多样的，有时是有缺漏需要补入，多余需要删去，字体字号上有错误需要改正；有时是文字有前后颠倒或有侧转、倒放需要搬正等。根据不同情况，规定了不同的校对符号。配样工和改样工，一看到某种符号时，就知道某种错误，可作相应处理。这对节约时间和提高工作质量，很有好处。

常用校对符号有：改正，删除，增补，对调，转移，接排，保留，另行等。这几种在编辑日常修改稿件中也有运用。使用校对符号，要求正确、清楚。所谓正确，就是不要生造，要符合规范；所谓清楚，即勾画分明，清晰易辨。具体地说，要注意以下几点：

1）编者改动校样所用笔的颜色，应根据校次采用不同色笔书写校对符号，以显示区别。

2）改样上的错误要用引线从行间画出，拉到页边空白处改正，不要在文中径改。

3）改正容易相互混淆的汉字、外文、数字、符号等，应加文字说明。

4）符号不要沾及上下左右不需要改动的文字和标点。引线与引线之间不要重叠、交叉，如难以避免，则要用不同色笔来显示区别。

5）改样上改正的字符要写得工整、清楚。

5.4 电子排版工艺

5.4.1 排版基本工艺流程

1．计算机编辑排版系统的工艺流程

各道工序的主要功能：

文字录入工序：文字录入可以在汉字终端或者普通 PC 机上进行，对文稿输入、校对、修改，还要加入排版语言，产生原稿小样文件。

图形输入工序：图形设备主要为版面提供图像，为图文混排作前期准备。使用图形软件创建插图，最好使用能创建文中所有插图的图形软件。否则可以选用以下几种方法：

1）扫描仪可数字化那些用其他方法转载困难的图形和线图。绘画软件最适合用来处理数字图像，并可生成图形和插图的原图。绘图软件最适合用来绘制线条图和技术插图。

2）电子表格或曲线绘制软件是最有效的数据表格处理工具。

3）排版组版工序：主要是对小样文件的排版，以及对各种校样（初校、一校样至付型样）的改型、组版，生成排版结果。

4）主机工序：输出校样、胶片阳图或阴图、冲洗软片的处理。编辑排版后在激光照排机上输出胶片阳图或阴图，经自动冲洗机冲洗后可以直接制 PS 版，上大胶印机印刷。用大胶印机印刷，印份多，质量也好。在激光印字机输出激光大样，激光大样规范、美观，可直接制氧化锌版，用小胶印机印刷，印数少，质量也差些。由此可见，不同版式成品输出将会导致以后不同的印刷工艺流程，反之，不同的印刷要求也会对版式成品输出方式有不同的选择。至于电脑排版过程，对轻印刷与精密印刷来说基本是一致的。

2. 计算机编排的人员分工及其职责

目前，电脑排版越来越普及，如何针对电脑排版的各道工序组织人员、分配任务，进行有效的管理，这个问题显得越来越迫切了。排版的工作量是很大的，有时甚至一个人要承担整个排印任务。然而即使只有一个人参与排版，相应的任务也可以从概念上划分为以下几个部分。

输入人员用字处理软件编辑正文，可以用不同的软件在不同的机器上录入，只要字处理器编辑的正文格式符合或可转化成排版工具允许的格式。例如，WPS 中有个文件服务功能，主要用于不同文件格式的转化。联想汉字软件 PE2、WPS 都可作为华光系统的录入软件。具体使用何种软件主要由录入人员的习惯以及对某种软件的熟悉程序而定。另外为了确保排版文档的质量，录入人员的错字率应控制在 0.3%以下。

编辑人员确定版面的总体设计：版面大小、排列方向、边界及网纹花边，指定正文中的字体，规定数学公式、化学公式、插图的处理方法。对于公式、表格、图形，有的软件要用排版语言一条一条写出来，然后进行批处理，有的软件交互式地绘出，然后经过一些文件转化直接插到正文中去。

排版人员根据设计人员的要求，在录入小样的基础上，对排版语言进行编译处理。排版人员要有足够的耐心和熟练的技巧，在实践中不断摸索，逐步提高排版水平，总体出错率应控制在 0.1%以下。每次校样出来后，校对人员要检查正文的拼写、语法及排版错误，要确保文档的组织合理、内容完整、规范美观。人员分配时应充分利用部门内每个人的专长，统筹兼顾、各司其职、互相配合就能顺利完成整个排版任务。

5.4.2 文字录入

计算机文字录入的工作效率不仅取决于打字速度，更关系到操作员应有的综合技术职业能力。技术能力是对字处理软件的应用程度和自身素质的体现。文字处理、排版软件非常多，首先想到的就是 word。而专业的软件也很多，如方正书刊排版系统等。文字录入排版应用中要注意以下几点：

1）撰写正文→用“样式”与“模板”，可以很好地解决设置统一的格式乃至创建多个统一规范文档的问题。

2）编号问题→定义“多级编号”，然后对每章内容中不同级别的标题设置不同级别的编号，而对于图片和表格则可以定义“题注”，之后当内容位置有所变化时对于引用的内容，则使用“交叉引用”功能，当内容有所更改时，都可以自动完成更新工作。

3）生成目录→由于为标题使用了“样式”，利用设置“大纲级别”，轻松地创建目录，而且目录内容还可以随着文档内容来变，只要您不取消目录与正文内容的链接状态。

4）如果觉得在多个文档中分别处理这些排版事务太麻烦，那么还可以使用主控文档的功能来集合众多相关文档，使之看上去像一个大型文档，然后运用上述各种排版手段完成整本书的排版任务。

5.4.3 版面修改及操作特点

1．版面修改

版面即书刊排版的式样，书刊的排版式样由于内容的繁简不同、科目的类别不同，形成多种多样的格式。

书稿排成以后，版样和原稿由于形式不同，因而文中的脚注、插图、公式、表格、标题等的位置不能与设计所预期的相一致，这就需要校对人员处理好版式问题。处理好版式，不仅能使版面经济美观，而且可以避免排版中的技术性差错。但是许多人校对只注意文字，往往忽视版式，或造成版面头重脚轻、左满右空，或使排版人员多次改动，增加成本。如果到最后一校才发现版式有问题，改版还会增加文字出错的危险。

2．操作特点

根据版式规格的行数和字数，检查排版是否少行少字。一般来说，正文少于三行不占版面。一些文章可通过改变字号，扩大或缩小标题空距来省去转版或少留空白的操作。16K、32K 版面天头空四行，地脚空三行。

书眉大多在版心上方（大型工具书排在版心下方，便于翻检），下加花边或线。校对时要注意单页排篇名，双页排书名，外端空一格排页码。注意书眉版式要整齐。标题占版面 2～10 行。大标题一般占 5～8 行，小标题一般占 2～4 行。标题与文中内容数词的大小顺序排列不可雷同或颠倒。版心右边字体既不要外出也不要留空。

3．注意的问题

版面中实际存在许多妨碍快速并有效阅读的因素。

1）标题位置无章法，随意切断稿件下文的排列，造成阅读不便，浪费读者的时间。

2）字体字号运用无章法，与新闻稿件的报道价值不相称，读者不易领会编辑的报道思想。

3）稿件排列无章法，不恰当的破栏使版面杂乱，既不美观也不方便阅读。

4）照片、图表的规格与排列无章法，扰乱整个版面的格局，甚至切断文章的排列，有些照片位置的不当还会造成读者的误解。

5）网纹使用无章法，如对照片说明、对稿件正文滥用网纹铺底，很伤读者的眼力，实际是为形式而损伤内容。

6）色彩运用无章法，主要表现为滥用色彩，标题、栏题、报头、照片、图表甚至正文都五颜六色，版面上没有重心也没有主色调，看上去很热闹，但实际妨碍了内容和思想的表达。滥用色彩还会导致各部分相互冲突，造成不谐调的版面效果，这显然不利于品格和风格的塑造。

7）线条、花边运用无章法，对花边在什么情况下用，直线在什么情况下用，并无成熟的考虑，直线的粗细也随心所欲。结果线条花边作为版面语言的功能不能得到恰当的发挥。

8）广告编排无章法，在版面上的位置、大小、形态没有规定和限制，在版面的任意位置都放置广告，甚至用内容包围广告，或出现与内容相冲突的广告，也是对读者利益的侵害。

限于篇幅和排版的复杂性，这里不能展示所有问题，只作简略的相关简介。

第 6 章　方正书刊排版系统

如果你想成为一名专业的文字排版技术人员，掌握标准的文字排版软件已经成为必备的前提，如果您现在对文字排版还一窍不通或不甚了解，那么请跟随我们，让我们一起来学习排版技术吧！

本章将教给你

- 方正书版软件的基本知识
- 字符效果排版
- 段落效果排版
- 整篇书籍排版
- 表格排版
- 科技版面排版

学完本章后你应该

- 能了解 BD 排版语言的注解格式
- 熟练掌握 BD 排版语言的一些共用参数格式
- 精通办公版面排版及办公版面常用的注解

6.1　初步认识方正书刊 10.0 排版系统

选择合适的排版软件是排版工作实现的重要环节。在国内外众多排版软件中，方正书版是最佳选择之一，在国内有很大的用户群，本节将介绍方正书版 10.0 的基础知识。

学习方正书版软件，首先从认识该软件的界面构成出发，了解其特点、工作流程和一些基本的操作方法，然后逐步深入地学会软件的操作。

6.1.1　书版界面介绍

在启动方正书版 10.0 之后，就会显示主程序的窗口，该窗口由标题栏、菜单栏、标准工具栏、特殊字符条、编辑窗口、提示窗口、状态栏等组成，如图 6-1 所示。

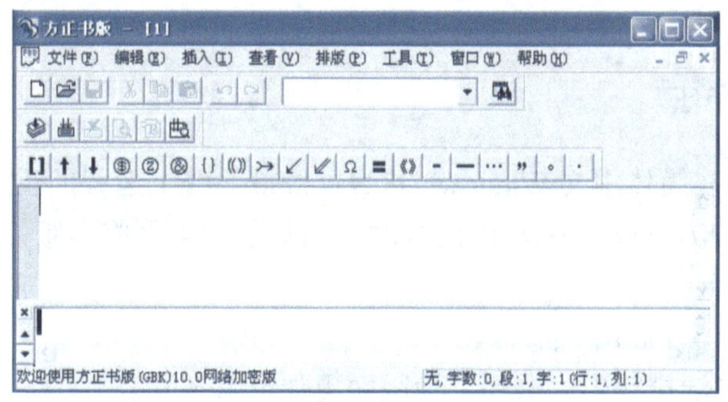

图 6-1　启动后的方正书版 10.0 窗口

（1）标题栏

标题栏位于屏幕的最顶端，它显示当前文件的名称，并控制应用程序的窗口大小。

（2）菜单栏

菜单栏位于标题栏下。它包括了“文件”、“编辑”、“插入”、“查看”、“排版”、“工具”、“窗口”，“帮助”共 8 个菜单项，其操作方法与 Windows 应用程序的标准菜单非常相似，方正书版 10.0 中的许多命令通过这 8 个菜单项可以执行，每个菜单项包含着数量不等的命令，单击命令可执行相应的功能操作，单击菜单外的任何地方或者按<Esc>键即关闭当前打开的菜单。

（3）标准工具栏

在默认状态下，标准工具栏位于菜单栏下方，使用它们可以方便地进行许多操作。当鼠标停留在工具的图标上时，方正书版 10.0 会给出该工具的命令提示。

（4）特殊字符条

特殊字符条位于标准工具栏下方，它包含多种在录入或排版过程中常用的控制字符，如注解括弧、上下标符号、换行符、换段符、结束符等。

（5）编辑窗口

编辑窗口是用户的主要工作区域。用户可以根据自己的需要，在编辑窗口内同时打开多个小样文件。可以选择“窗口”菜单中的“层叠式窗口”或“并列式窗口”命令，将所有打开的小样文件层叠或者并列显示。用户还可以对编辑窗口的一些属性进行定义，例如，注解字串的颜色，显示字体，制表符的长度等。

（6）提示窗口

在编辑窗口的下方是方正书版 10.0 的提示窗口，在该窗口中将显示方正书版 10.0 已执行或正在执行的任务。它有 5 个类型的选项卡，即“一扫”，“发排”，“转换”，“查找”，“输出”，选择不同类型的选项卡，可以查看不同类型操作的提示。单击该窗口左上角的关闭按钮，可以退出方正书版 10.0 消息窗口。

（7）状态栏

状态栏包括了提示窗口、文件状态和书版状态 3 项内容。当用户将鼠标指向某个菜单命令时，提示窗口将显示当前菜单命令的功能。文件状态窗口提示用户当前正在编辑的小样状态及其光标的位置。书版状态窗口显示当前排版中指定的大样文件格式和当前编辑的状态是否为“改写”状态。

6.1.2 方正书版的特点

方正书版 10.0 是在简体中文 Windows 98/NT/2000 系统上运行的 32 位批处理书刊排版软件。它继承了以前 6.X/7.X/9.X 的功能的同时，增加了适应网络出版，电子图书制作的新功能，主要具有以下特点：

1）适应操作平台 Windows 的升级。

2）可以制作图文混排等彩色书刊，使版面更加丰富多彩。

3）直接生成电子图书的 CEB 文件。

4）增强拼音加注功能，大大减轻了工作人员的工作量。

5）将 Word 文件中大量排版信息保留下来，减轻了重新排版的工作量。

6.1.3 方正书版软件介绍

方正书版软件是方正集团在 20 世纪 80 年代推出的一款优秀的批处理的排版软件。该书版软件使用北大排版语言（BD 语言）将所要排版的版式在所排文章中描述出来，然后送给计算机处理，由计算机自动生成版面。它具有功能强大，自动化程度高，版面规范，软件小巧，对系统要求极低以及专为国内用户设计等特点。

其缺点是掌握该批处理式排版软件所用的时间较长；利用它排版时，具有不直观的缺陷，对于版式较为复杂的报纸版，杂志版不太适用，主要用于以文字排版为主的书籍及期刊。但它在书籍排版领域快速高效的特点是其他软件无法达到的。

在本小节中，我们对方正书版软件的基础界面，软件的特点做了介绍，为学生后续学习做好铺垫。

6.2 字符效果

在一些书刊、杂志、报刊中都有一些特别醒目、漂亮的文字，给读者留下了深刻的印象，引导读者继续深入地读下去。在方正书版 10.0 中一些改变字符排版的注解功能得到了加强，更加易于控制字符的排法。

在这一小节中，我们从一些基础实例开始讲解，让学生真正了解和掌握字符效果排版的设置。

6.2.1 字符的种类

在方正书版 10.0 的小样文件中允许出现的字符主要由以下几部分组成：

1）用户通过键盘直接输入的西文半角字符。

2）用户通过各种汉字输入法录入的汉字或各种全角符号。

3）用户通过方正书版 10.0 中的动态键盘输入的各类符号，包括预定义的、自定义的符号。

4）用户通过方正书版 10.0 中的特殊字符工具条或对应快捷键录入的控制字符。

5）用户使用“插入”菜单中的“插入符号”功能插入的字符。

6）用户使用典码输入法输入的典码汉字。

7）使用 N 内码盘外符录入的方正内码字符。

8）新增 G 内码盘外符录入的 GBK 编码字符。

所有这些字符分为汉字、A 库符号、B 库符号 3 大类。汉字包括全部 BGK 标准中定义的汉字。另外，对于西文半角符号（简称 ASCII 字符）以及 BGK 标准中定义的汉字和符号，可以设置其字体为某种外挂字体。外挂字体不是方正书版 10.0 内置字体，而是用户在自己的中文机器上安装的各类 TTF 字体以及在后端安装的对应的 PS 字体。

6.2.2 汉体注解 HT

功能：给出汉字或者汉字符号的字体字号。汉体注解后的汉字或者汉字符号全部采用注解给出的字体和字号。

格式

〖HT〔<双向字号>〕〔<汉字字体>〔<汉字外挂字体>〕|<汉字外挂字体>〕〗

参数

<双向字号>：<纵向字号>〔，<横向字号>〕

<汉字外挂字体>：#|《<汉字外挂字体名>〔<外挂字体效果>〕》〔!〕

<汉字外挂字体名>：任何合法的平台 GB2312 字体的字面名或别名

<外挂字体效果>：〔B〕〔I〕

解释

B：粗体。

I：斜体。

!：表示汉字外挂字体只对汉字才起作用。

6.2.3 外体注解 WT

格式

〖WT〔<双向字号>〕〔<外文字体>〔<外文外挂字体>〕|<外文外挂字体>〕

参数

<双向字号>：<纵向字号>〔，<横向字号>〕

<外文外挂字体>：#|《<外文外挂字体名>〔<外挂字体效果>〕

<外文外挂字体名>：任何合法的平台 ANSI 字体或 GBK 字体的字面名或别名

<外挂字体效果>：〔B〕〔I〕

解释

B：粗体。

I：斜体。

6.2.4 数体注解 ST

格式

〖ST〔<双向字号>〕〔<数字字体>〕〗

〖ST<+>|<->〗

参数

<双向字号>：<纵向字号>〔，<横向字号>〕

解释

+：设定数字字体随外文字体自动变化。

－：取消数字字体随外文字体变化的功能。

6.2.5 空心字注解 KX

格式

〖KX〔<网纹编号>〕〔W〕〔，<字数>〕〗

〖KX(〔<网纹编号>〕〔W〕)<内容>〖KX〗〗

参数

<网纹编号>：<数字><数字> (0-31)

解释

W：不要边框的空心字。

<字数>：空心字个数。

6.2.6 阴阳字 YY

格式

〖YY()<内容>〖YY〗〗

解释

6.2.7 立体字注解 LT

格式

〖LT〔<阴影宽度>〕〔<阴影颜色>〕〔W〕〔Y〕〔YS|ZS|ZX〕〔，<字数>〕〗

〖LT(〔<阴影宽度>〕〔<阴影颜色>〕〔W〕〔Y〕〔YS|ZS|ZX〕)<阴影内容>〖LT〗〗

参数

<阴影宽度>：0|1|2|3|4|5|6|7

<阴影颜色>：<颜色>

<颜色>：@〔%〕(<C 值>，<M 值>，<Y 值>，<K 值>)

解释

W：表示不要边框的立体字，默认为要边框的立体字。

YS：表示阴影显示在字的右上方。

ZS：表示阴影显示在字的左上方。

ZX：表示阴影显示在字的左下方。

默认此参数则表示阴影显示在字的右下方。

<字数>：指定本注解后有几个字为立体字。

<阴影颜色>：指定阴影的颜色。默认为白色。

Y：不默认时，表示为阴字，即字为白色，阴影为黑色，此时<阴影色>参数不起作用，外部所设的文字颜色也不起作用。默认时，各种彩色才起作用，即阴影使用<阴影色>，文字使用文字颜色。

6.2.8 勾边 GB

格式

〖GB〔<勾边宽度>〕〔W〕〔Y〕〔<边框色>〕〔<勾边色>〕〔，<字数>〕〗

〖GB(〔<勾边宽度>〕〔W〕〔Y〕〔<边框色>〕〔<勾边色>〕)<勾边内容>〖GB〗〗

参数

<勾边宽度>：0|1|…|29

<边框色>：<颜色>B

<勾边色>：<颜色>G

<颜色>：@〔%〕(<C 值>，<M 值>，<Y 值>，<K 值>)

解释

W：表示不要边框的勾边字，默认为要边框的勾边字。

<边框色>：指定边框的颜色。默认为黑色。

<勾边色>：指定勾边的颜色。默认为白色。

Y：不默认时，表示为阴字，即字为白色，边框为白色，勾边为黑色，此时<边框色>，<勾边色>参数不起作用，外部所设的文字颜色也不起作用。默认时，各种彩色才起作用，即边框使用<边框色>，勾边使用<勾边色>，文字使用文字颜色。

6.2.9 倾斜 QX

格式

〖QX(<Z|Y><倾斜度>〔#〕〗<倾斜内容>〖QX)〗

参数

<倾斜度>：1|2|3|4|5|6|7|8|9|10|11|12|13|14|15

解释

Z：向左倾斜。

Y：向右倾斜。

#：按字符中心线倾斜，默认表示按字符顶线倾斜。

6.2.10　旋转 XZ

格式

〖XZ(<普通旋转设置>|<竖排旋转设置>〗<旋转内容>〖XZ)〗

参数

<普通旋转设置>：<旋转度>〔#〕

<旋转度：{<数字>}(1 到 3 位) (旋转度≤360)

<竖排旋转设置>：〔Z〕〔H〕〔W〕

解释

#：表示按中心旋转，默认表示按左上角旋转。

Z：表示符号向左旋转 90°，默认 Z 表示向右旋转 90°。

H：表示要旋转汉字标点。

W：表示要旋转外文标点。

默认 H 和 W 时表示只旋转开闭弧注解内的数字、外文、运算符、括弧。

6.2.11　基线 JXD

格式

〖JX〔－〕<空行参数>〔。<字数>〕〗

参数

<空行参数>：表示基线移动的距离。

<字数>：表示共有多少字符要移动。默认表示移动一行字符。

解释

－：表示字符向上移动，默认表示向下移动。

6.2.12　着重 ZZ

格式

〖ZZ<字数>〔<着重符>〕〔#〕〔，<附加距离>〕〗

〖ZZ(〔<着重符>〕〔#〕〔，<附加距离>〕〗<着重内容>〖ZZ)〗

〖ZZ(〔<底纹说明>〕〗...〖ZZ)〗

参数

<着重符>：Z|F|D|S|Q|=|L|。〔!〕|〔!〕

<附加距离>：〔－〕<行距>

<底纹说明>：B<底纹编号>〔D〕〔H〕〔#〕

<底纹编号>：<深浅度><编号>

<深浅度>：0-8

<编号>：<数字><数字><数字>

解释

Z：正线。

F：反线。

D：点线。

S：双线。

Q：曲线。

=：双曲线。

L：三连点。

。：加圈，用“句号”。

默认表示使用着重点。

#：横排时着重线、着重点（或圈）加在一行的上面，竖排时着重线加在一行的右边，着重点（或圈）加在一行的左边；默认#时，着重线、着重点（或圈）的位置与上述相反。

!：表示在外文和数字下加着重点（或圈），默认则外文和数字下不加着重点（或圈）。

<附加距离>：设置着重符与正文之间的距离。“－”表示距离为负值。默认附加距离为0。

<底纹说明>：实现可拆行的底纹效果。其中：

D：本方框底纹代替外层底纹。

H：底纹用阴图。

#：底纹不留余白。

6.2.13 空格注解 KG

格式

〖KG<空格参数>〗

〖KG(<字距>)<内容>〖KG〗〗

参数

<空格参数>：〔－〕<字距>|<字距>。|<字距>。<字数>

解释

－：指定向与排版方向相反的方向空格。

6.2.14 拼音 PY

格式

〖PY(〔<横向字号>〔，<纵向字号>〕〕〔<颜色>〕〔K<字距>〕〔G<字距>〕〔S|L|X〕〔N|M|R〕〔Z〕〗<拼音内容>〖PY〗)

参数

<颜色>：@〔%〕(<C 值>，<M 值>，<Y 值>，<K 值>)

解释

<横向字号>：表示拼音字母的字号，有双向字号时是长扁字，全默认时字号约为汉字的 1/2 大小。

<纵向字号>：同上。

<颜色>：设定拼音字母的颜色。如果默认时，则使用当前的正文颜色排拼音字母。

K<字距>：表示拼音与拼音之间的距离，默认时距离为当前汉字的 1/8 字宽。

G<字距>：表示拼音与汉字之间的距离，默认时距离为当前汉字的 1/8 字宽。

S|L|X：默认值为 X。

S：表示横排时拼音排在汉字之上，竖排时注音右转排在汉字之右。

L：表示拼音直立排在汉字之右。

X：表示横排时拼音排在汉字之下，竖排时拼音直立排在汉字之左。

N|M|R：默认值为 M。

N：表示横排时汉字靠左边排，竖排时汉字靠上排。

M：表示汉字居中排。

R：表示横排时汉字靠右边排，竖排时汉字靠下排。

Z：表示在拼音和汉字之间画一正线，默认时不画下正线。

6.2.15 注音 ZY

格式

〖ZY(〔<横向字号>〔，<纵向字号>〕〕〔<颜色>〕〔K<字距>〕〔X|S|L〕)<注音内容>〖ZY〗〗

参数

<颜色>：@〔%〕(<C 值>，<M 值>，<Y 值>，<K 值>)

解释

<横向字号>：表示注音字符的字号，有双向字号时是长扁字，全默认时字号约为汉字的 1/3 大小。

<纵向字号>：同上。

K<字距>：表示注音与汉字之间的距离，默认时距离为当前汉字的 1/4 字宽。

X：表示横排时注音排在汉字之下，竖排时注音直立排在汉字之左。

S：表示横排时注音排在汉字之上，竖排时注音直立排在汉字之右。

L：表示无论横竖排注音都直立排在汉字之右。

<颜色>：设定注音字母的颜色。如果为默认，则使用当前的正文颜色排注音字母。

本节训练的内容是排版的基础，一篇文章的排版都是从最基础的文字开始，所以学好文字的排版是掌握排版技术的关键。本小节针对文字的排版通过实例做了详细的讲解，以此加深学生对文字排版的理解和能力的训练。

6.3 段落效果

在现在的书籍、报刊、杂志中，一般都要用一些复杂、灵活的版面，以便更好地吸引读者，这就要求排版人员在进行排版时对版面的控制更加灵活，知道一些最基本最常用的注解命令并且能够熟练、灵活地运用，通过这些常用的排版命令的结合使用，可以排出新颖、美观的版面。

本节主要介绍了一些最基本的注解命令。主要有居中注解、居右注解、空行注解、行宽注解、改宽注解、前后注解、分栏注解等。

6.3.1 居中注解 JZ

格式

〖JZ〔<字距>〕〗

〖JZ(〔〔<字距>〕|Z〕)<居中内容>〖JZ〗〗

解释

Z：表示整体居中。

6.3.2 居右注解 JY

格式

〖JY〔。〔<前空字距>〕〕〔，<后空字距>〕〗

〖JY(〔Z〕)<居右内容>〖JY〗〗

解释

<前空字距>：表示三连点自动换行时，前边空出的距离；默认为空两字；

<后空字距>：表示居右内容与右端空出的距离。

Z：表示整体居右。

6.3.3 标题 BT

格式

〖BT<级号>〔<增减><空行参数>〕〔#〕〗

〖BT(<级号>〔<级号>〕〔<级号>〕〔<增减><空行参数>〕〔#〕)<标题内容>〖BT〗〗

参数

<级号>：1-8

<增减>：+|-

解释

#：表示在标题和行数后不自动带一行文字，默认时则自动带一行文字。没有#时该标题或行数不会出现孤题的现象，但在某些情况下其后的文字图片位置可能不正确，此时可通过加#解决。

6.3.4 空行 KH

格式

〖KH〔-〕<空行参数>〔X|D〕〗

解释

-：表示向排版的反方向移动指定高度，默认时则向正方向移动。

X：表示继续，即空行后字符的起始位置时空行前字符位置的继续。

D：表示顶格，即空行后字符从行首开始排。

6.3.5 对齐 DQ

格式

〖DQ(〔<字距>〕)<对齐内容>〖DQ〗〗

6.3.6 撑满 CM

格式

〖CM<字距>-<字数>〗

〖CM(<字距>)<撑满内容>〖CM〗〗

6.3.7 自换 ZH

格式

〖ZH()<内容>〖ZH〗〗

6.3.8 改宽 GK

格式

〖GK<改宽参数>〗

参数

<改宽参数>：〔-〕<字距>〔!〕|〔〔-〕<字距>〕!〔-〕<字距>

解释

-：表示扩大行宽。

!：左右分界线。

6.3.9 前后 QH

格式

〖QH<前后参数>〗

〖QH(<前后参数>)<前后内容>〖QH〗〗

参数

<前后参数>：<字距>〔!〕|〔<字距>〕!<字距>

6.3.10 紧排 JP

格式

〖JP〔〔+〕<数字>〕〗

参数

<数字>：1|2|3|4|5|6|7|8|9|…|32

解释

+：表示松排，将字间距离拉开。默认时表示紧排，将字间距离紧缩。

无参数表示即不紧排也不松排，按正常字间距离排。

6.3.11 分栏 FL

格式

〖FL(〔<栏宽>|<分栏数>〕〔!〕〔H<线号>〕〔—<线型>〕〔<颜色>〕〔K<字距>〕〗<分栏内容>〖FL)〔X|<拉平栏数>〕〗

参数

<栏宽>：<字距>{，<字距>}(1 到 7 次)

<线型>：F|S|Z|D|Q|=|CW|XW|H<花边编号>

<花边编号>：000-117

<颜色>：@〔%〕(<C 值>，<M 值>，<Y 值>，<K 值>)

<拉平栏数>：〔—〕<栏数>

解释

!：栏间画一条以五号字为准的正线。

K<字距>：表示栏间距离。

<线号>：指定栏线的粗细。如果默认，则为五号字。

<线型>：

F：反线。

S：双线。

Z：正线。

D：点线。

Q：曲线。

=：双曲线。

CW：外粗内细文武线。

XW：外细内粗文武线。

H：花边线。

默认：正线。

只要设定了<线号>或<线型>，那么即使没有指定“！”参数，也仍然会画出栏线。

<颜色>：指定栏线的颜色。如果为默认，则为黑色。

X：表示后边分栏注解中的内容与前面的内容接排。

一：表示从分栏闭弧所在栏向左拉平若干栏。

6.3.12 对照 DZ

格式

〖DZ(〔<栏宽>|<分栏数>〕〔!〕〔H<线号>〕〔—<线型>〕〔<颜色>〕〔K<字距>〕)<对照内容>〖DZ〗〗

参数

<栏宽>：<字距>{，<字距>} (1 到 7 次)

<线型>：F|S|Z|D|Q|=|CW|XW|H<花边编号>

<花边编号>：000-117

<颜色>：@〔%〕(<C 值>，<M 值>，<Y 值>，<K 值>)

解释

!：栏间画一条以五号字为准的正线。

K<字距>：表示栏间距离。

<颜色>：指定栏线的颜色。如果为默认，则为黑色。

<线号>：指定栏线的粗细。如果为默认，则为五号字。

<线型>：

F：反线。

S：双线。

Z：正线。

D：点线。

Q：曲线。

=：双曲线。

CW：外粗内细文武线。

XW：外细内粗文武线。

H：花边线。

默认：正线。

只要设定了<线号>或<线型>，那么即使没有指定“！”参数，也仍然会画出栏线。

注：对照可以竖排，竖排时各项参数要转换成竖排意义。

文章的构成都是通过字、句、段来构建的。本节排版的讲解是对段落格式的设置进行了讲解，以此训练学生掌握段落效果排版的能力。

6.4 整篇排版效果

在书刊、杂志中有时候为了排出漂亮的标题和版式，要综合运用一些特殊的注解，这些注解有长度注解、画线注解、线号注解、图片注解等。这些注解结合其他相应的注解，可以实现排版者的一些特殊需求，实现整篇排版的效果。

前面学习了文字、段落的排版设置，现在通过对长度、画线、图片等排版基础的讲解，结合前面知识点的掌握，训练学生整篇排版的能力。

6.4.1 长度 CD

格式

〖CD〔#〕〔<长度符号>〕〔－〕<长度>〗

参数

<长度符号>：〔{|}|[|]|〔|〕|F|S|D|Q|CW|XW|=|H<花边编号>〕〔!〕

<花边编号>：<数字><数字><数字>

<长度>：<字距>|<空行参数>

解释

#：表示在当前行的基线上画线，默认时表示在当前行的中线上画线。

<长度符号>：

{：开花括号。

}：闭花括号。

[：开正方括号。

]：闭正方括号。

〔：开斜方括号。

〕：闭斜方括号。

F：反线。

S：双线。

D：点线。

Q：曲线。

CW：粗文武线。

XW：细文武线。

=：双曲线。

H：花边线。

!：表示各种括号线画成横向，其他各种线画成纵向。

-：表示画线方向从右向左画，或从下往上画。

6.4.2 画线 HX

格式

〖HX(<位置>)〔<长度符号>〕〔-〕<长度>〗

参数

<位置>：<空行参数>，<字距>

<长度符号>：〔{|}|[|]|〔|〕|F|S|D|Q|CW|XW|=|H<花边编号>〕〔!〕

<花边编号>：<数字><数字><数字>

<长度>：<字距>|<空行参数>

解释

<长度符号>：

{：开花括号。

}：闭花括号。

[：开正方括号。

]：闭正方括号。

〔：开斜方括号。

〕：闭斜方括号。

F：反线。

S：双线。

D：点线。

Q：曲线。

CW：粗文武线。

XW：细文武线。

=：双曲线。

H：花边线。

!：表示各种括号线画成横向，其他各种线画成纵向。

-：表示画线方向从右向左画，或从下往上画。

6.4.3 始点 SD

格式

〖SD〔<始点位置>〕〗

参数

<始点位置>：X|〔<空行参数>〕〔，<字距>〕〔；N〕

解释

X：表示将本注解前所排的内容先写入磁盘文件中，然后从当前位置继续排。

N：表示按新方法计算排版的位置。新方法能够维持本层的分区结构，使用始点注解后，本层所划分好的其他区域（TP、FQ 等）仍然有效，默认为 N 时表示仍然沿用低版本书版的处理方法，以保持与低版本的一致。此时，当使用始点注解改变了当前位置后，本层所划分好的其他区域（TP、FQ 等）将无效。

6.4.4 图片 TP

格式

〖TP<文件名>〔，@〕〔，<图片占位尺寸>〕〔；<图片实体尺寸>〕〔<上边空>〕〔<下边空>〕〔<左边空>〕〔<右边空>〕〔<起点>〕〔<排法>〕〔，<DY>〕〔#〕〔%〕〔H〕〔，TX〔<填入底纹号>〕〕〔，HD〕〗

参数

<文件名>：<不包括“，”、“；”、“、”、“〔”、“#”、“%”的文件名>|<前缀><标准 Windows 文件名><后缀>

<图片占位尺寸>：<空行参数>〔。<字距>〕

<图片实体尺寸>：<放缩比例>|E<图片尺寸>

<放缩比例>：%<X 方向比例>%<Y 方向比例>

<X 方向比例>：{<数字>}〔.{<数字>}〕

<Y 方向比例>：{<数字>}〔.{<数字>}〕

<图片尺寸>：<空行参数>〔。<字距>〕

<上边空>：;S〔〔－〕<空行参数>〕

<下边空>：;X〔〔－〕<空行参数>〕

<左边空>：;Z〔〔－〕<字距>〕

<右边空>：;Y〔〔－〕<字距>〕

<起点>：(〔〔－〕<空行参数>〕，〔－〕<字距>)|，〔K〕Z〔S|X〕|，〔K〕Y〔S|X〕|，〔K〕S|，X

<排法>：，PZ|，PY|，BP

<填入底纹号>：<深浅度><数字><数字>

<前缀>：<

<后缀>：>

解释

@：表示图片嵌入大样文件中。默认表示不嵌入。注意：不支持 PIC 格式文件的嵌入。

PZ：左边串文。

PY：右边串文。

BP：不串文。

DY：在分栏或对照时，如果选择此参数，图片可以跨栏，起点是相对于页的左上点而定。

#：表示图片可后移。如果图片指定了起点，则该参数无效，即图片不可后移。

%：表示不挖空(即文字图片重叠)。

H：表示图片用阴图，默认为阳图。

TX<填入底纹号>：表示在向量图形中，封闭部分所要填写的底纹编号。

HD：指定为灰度图片。

K：表示该图片要跨过本栏（页），排到下一栏（页）的初始位置。

6.4.5　图说 TS

格式

〖TS(〔<高度>〕〔Z|Y〕〔%〕〔!〕)<图说内容>〖TS〗〗

解释

<高度>：指图片说明所占高度。

Z：表示图片说明在图片的左边。

Y：表示图片说明在图片的右边。

%：表示图说的周围不留边空。

!：表示图片说明竖排，默认为横排。

6.4.6　分区 FQ

格式

〖FQ(<分区尺寸>〔<起点>〕〔<排法>〕〔，DY〕〔<一边框说明>〕〔<底纹说明>〕〔Z〕〔!|%〕〗<分区内容>〖FQ)〗

参数

<分区尺寸>：<空行参数>〔。<字距>〕

<起点>：(〔(〔—〕<空行参数>)，〔—〕<字距>)|，Z〔S|X〕|，Y〔S|X〕|，S|，X

<排法>：，PZ|，PY|，BP

<边框说明>：F|S|D|W|K|Q|=|CW|XW|H<花边编号>

<花边编号>：000-117

<底纹说明>：B<底纹编号>〔D〕〔H〕〔#〕

<底纹编号>：<深浅度><编号>

<深浅度>：0-8

<编号>：<数字><数字><数字>

解释

PZ：左边串文。

PY：右边串文。

BP：不串文。

DY：在分栏或对照时，分区内容可跨栏，起点是相对整个页而定。

F：反线。

S：双线。

D：点线。

W：不要线也不占位置。

K：表示空边框(无线但占一字宽边框位置)。

Q：曲线。

=：双曲线。

CW：外粗内细文武线。

XW：外细内粗文武线。

H：花边线。

默认：正线。

D：本方框底纹代替外层底纹。

H：底纹用阴图。

#：底纹不留余白。

Z：表示分区内容横排时上下居中，竖排时左右居中。

!：表示与外层横竖排法相反。

%：（用在蒙文的分区注解中）表示分区内的文字从右往左竖排。

6.4.7 注文 ZW

格式

〖ZW(〔DY〕〔<脚注符形式>〕〔<序号>〕〔B〕〔P|L〔#〕〔<字距>〕〕〔Z〕〔，<字号>〕〔<序号换页方式>〕)<注文内容>〖ZW〗〗

参数

<脚注符形式>：F|O|Y|K|*|W

序号：{<数字>} (1 到 2)

<序号换页方式>:；X|；C

解释

DY：表示分栏排时注文不是排在末栏而要通栏排，其位置为整页末尾。默认本参数表示排在末栏最后。

F：方括号。

O：阳圈码。

Y：阴圈码。

K：圆括号。

：“”号。

W：数字码。

B：表示注序号与注文间不留空，默认表示注序号与注间留注文字号一字宽。

P：表示本注文另行开始排。

L：表示本注文在上一注文末尾连排。

#：表示下一行与上一行对齐。

<字距>：表示与上一注文末尾的距离，默认距离是 0。

默认为 P 和 L 表示由注文说明注解中指定的连排参数决定本注文是否连排。

Z：表示注序号与注文中线对齐。默认表示注序号与注文基线对齐。

<字号>：表示正文中注序号的字号。默认表示和 PRO 中使用 ZS 定义的注序字号一致。

<序号换页形式>：换页时注序号可以设置两种计算方式：重置方式和递增方式。重置方式指换页后第一条注文的序号从 1 开始；递增方式指换页后第一条注文的序号在上页的基础上递增。例如，假设上一页的最后一条注文序号为 5，则在递增方式下，下一页的第一条注文的序号是 6，而在重置方式下为 1（如果注文指定了序号，则按指定的序号）。序号换页形式默认为重置方式。"；X"表示其后的注文换页时按递增方式计算序号，"；C"表示其后的注文换页时按重置方式计算序号，如果两者都不指定，则表示维持当前的计算方法不变。

%：分区不在版心中挖空。

6.4.8 页码 YM

格式

〖YM<页码参数>〗

〖YM(<页码参数>)<页码内容>〖YM〗〗

参数

<页码参数>：〔L|R〕<字号><字体>〔<颜色>〕〔。|－〕〔!|#〔－〕<字距>〕〔%〔－〕<字距>〕〔=<起始页号>〕〔，S〕

<起始页号>：{<数字>} (1 到 5)

<颜色>：@〔%〕(<C 值>，<M 值>，<Y 值>，<K 值>)

解释

L：表示页码用罗马数字，但要≤16。

R：表示页码用小写罗马数字，但要≤16。

默认表示用中文数字或阿拉伯数字。

。|-：页码两边加装饰符，"。"为句号，表示页码两边加一实心圆点，"-"为减号表示页码两边加一条短线，默认为不加装饰符。

!：表示页码在中间，默认为单页在右，双页在左，竖排时"!"不起作用。

#〔－〕<字距>：指定页码与切口间的距离，"－"表示距离为负值。

%〔－〕<字距>：指定页码与正文间的距离，"－"表示距离为负值。

S：表示页码在上，默认时页码在下，竖排时"S"不起作用。

<颜色>：指定页码文字的颜色。如果为默认值，则使用正文默认的颜色排页码文字。

6.4.9 暗码 AM

格式

〖AM〗

6.4.10 无码 WM

格式

〖WM〗

6.4.11 书眉（单眉 DM，双眉 SM，眉眉 MM，空眉 KM）

单眉 DM

格式

〖DM(〔L|W〕)<单眉内容>〖DM〗〗

解释

L：书眉排在里口。

W：书眉排在外口。

双眉 SM

格式

〖SM(〔L|W〕)<双眉内容>〖SM〗〗

解释

L：书眉排在里口。

W：书眉排在外口。

眉眉 MM

格式

〖MM(〔L|W〕)<眉眉内容>〖MM〗〗

解释

L：书眉排在里口。

W：书眉排在外口。

空眉 KM

格式

〖KM〔<书眉线>〕〗

参数

<书眉线>：S|F|CW|XW|B

解释

S：双线。

F：反线。

CW：粗文武线。

XW：细文武线。

B：不画线。

6.4.12 自动目录定义 MD

格式

〖MD(<级号>)<目录内容> 〖MD〗〗

参数

<级号>：目录标题的级号(1-8)

6.4.13 自动登记目录定义 HT

格式

〖HT〔<双向字号>〕〔<汉字字体>〔<汉字外挂字体>〕|<汉字外挂字体>〕〗

参数

<双向字号>：<纵向字号>〔，<横向字号>〕

<汉字外挂字体>：#|《<汉字外挂字体名>〔<外挂字体效果>〕》〔!〕

<汉字外挂字体名>：任何合法的平台 GB2312 字体的字面名或别名

<外挂字体效果>：〔B〕〔I〕

解释

B：粗体。

I：斜体。

!：表示汉字外挂字体只对汉字才起作用。

到本节为止，我们学习了文字、段落和整篇排版的技术，通过学习、强化训练和实例掌握，可以对一些简单格式的文章进行排版设置。

6.5 表格制作

表格是各行业办公室不可缺少的版式之一。办公室涉及的表格种类很多，如人事表、工资表、各类统计表、财务用的各种账单等，虽然均属于表格一类，但格式有所不同，程序复杂性也不同。有的只是一小块，有的表长达几页，几十页甚至上百页。比如一些大工厂的生产计划表、材料统计表往往是一本一本的，每页格式相同，实际上是一个表分页排，需要换页。财务表属于另一种形式，不换页，但很复杂，在表格边线之外和上下、左右均有文字。

利用表格注解可以排出各种复杂格式的表格，包括多种线型、各个方向的斜线及任意划分的表格内容。采用此注解排的表格，由多个表格行组合而成，表格行中还可以在计算机内存允许的范围内，嵌套任意多层的子表，生成各种复杂的表格版式。当本表格超出本页范围时，系统可以自动进行拆页，并可根据需要在各页自动添加表头。

一般来说，表格主要由表题、表头、表身和表注 4 部分组成，表格的一般结构如图 6-2

所示。

1）表题：包括表序与表名，一般用于正文同字号或小一字号的黑体字，用“5”黑或 5 黑。

2）表头：由各栏头组成，用比正文小 1～2 个字号。一般用“5”或 6 号书宋或黑体。

3）表身：即表格内容，由若干行（横向）及栏目（纵向）组成。

4）表注：表的说明。与表格内容的字号相同或小一字号，一般用“5”或 6 号书宋。

	表　序		表　题			
	第一层					表头
	第二层					
←栏宽→						表身
↓行线						
栏线→						
项目栏	数据栏				备注栏	

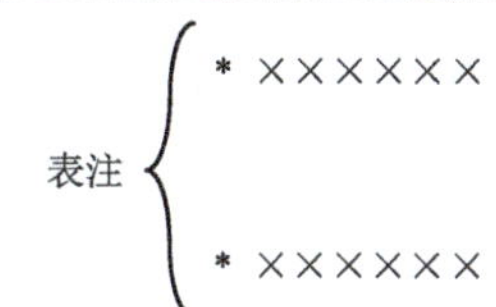

图 6-2　表格的一般结构

6.5.1　无线表 WX

格式

〖WX(〔<总体说明>〕<栏说明>{，<栏说明>}(0 到 I 次))<项内容>{〖〔<项数>〕〗<项内容>}(0 到 n 次)〖WX〗)

参数

<总体说明>:〔(<字距>)|!〕〔DW〕〔KL〕〔JZ|CM|YQ〕

<栏说明>：<字距>〔KG<字距>〕〔。<项数>〕〔DW〕〔JZ|CM|YQ〕

<项数>：<数字>〔<数字>〕

解释

!：表示无线表通栏居中排。

DW：表示全表所有相同栏的数字项个位对齐。

KL：全表各栏排不下时可以跨到下一栏排，即允许跨栏。

JZ：居中排。

CM：撑满排。

YQ：右对齐。

KG<字距>：表示本栏与后一栏间的栏间距。

<项数>：表示排版要求一致的栏数。

6.5.2 有线表 BG

格式

〖BG(〔<表格起点>〕〔BT|SD〔<换页时上顶线线型号>〕〔<换页时上顶线颜色>〕〕〔XD〔<换页时下底线线型号>〕〔<换页时下底线颜色>〕〕〔；N〕〗<表格体>〖BG)〔<表格底线线型号>〕〔<底线颜色>〕〗

参数

<表格起点>：(<字距>)|!

各线型号参数的格式相同

<线型号>：<线型>〔<字号>〕

<线型>：F|S|W|Z|D|Q|=

各线颜色参数的格式相同

<线颜色>：<颜色>

<颜色>：@〔%〕(<C 值>，<M 值>，<Y 值>，<K 值>)

解释

BT：表头。

SD：上顶线。

XD：下底线。

F：反线。

S：双线。

W：无线。

Z：正线，默认为正线。

D：点线。

Q：曲线。

=：双曲线。

<换页时上顶线颜色>：指定换页时表格上顶线的颜色，如果为默认，则使用框线颜色。

<换页时下底线颜色>：指定换页时表格下底线的颜色，如果为默认，则使用框线颜色。

<底线颜色>：指定表格底线的颜色，如果为默认，则使用框线颜色。

N：表示使用新的方式绘制表格线。新的方式对于双线进行特殊处理，解决了原来存在的双线连接的问题。默认为 N 时仍然按照低版本书版的处理绘制表格线。

6.5.3 子表 ZB

格式

〖ZB()<表格体>〖ZB〗<底线线型号>〔<颜色>〕〗

参数

<底线线型号>：<线型>〔<字号>〕

<线型>：F|S|W|Z|D|Q|=

<颜色>：@〔%〕(<C 值>，<M 值>，<Y 值>，<K 值>)

解释

F：反线。

S：双线。

W：无线。

Z：正线，默认为正线。

D：点线。

Q：曲线。

=：双曲线。

<颜色>：指定子表底线的颜色，默认使用框线颜色。

6.5.4　斜线 XX

格式

〖XX〔<斜线线型>〕<起点>－<终点>〗

参数

<斜线线型>：F|S|D|Q|H<花边编号>

<起点>：<相对点>〔X<字距>〕〔Y<行距>〕

<终点>：<相对点>〔X<字距>〕〔Y<行距>〕

<相对点>：ZS|ZX|YS|YX

<花边编号>：<数字><数字><数字>

解释

F：反线。

S：双线。

D：点线。

Q：曲线。

H：花边线。

<花边编号>：　000-117。

默认：正线。

ZS：左上角。

ZX：左下角。

YS：右上角。

YX：右下角。

6.5.5　表首 BS

格式

〖BS<定点>〗

〖BS(<起点>－<终点>)<表首内容>〖BS〗〗

参数

<定点>：<相对点>〔X<字距>〕〔Y<行距>〕

<相对点>：ZS|ZX|YS|YX

<起点>：<相对点>〔X<字距>〕〔Y<行距>〕

<终点>：<相对点>〔X<字距>〕〔Y<行距>〕

解释

X：X 方向。

Y：Y 方向。

ZS：左上角。

ZX：左下角。

YS：右上角。

YX：右下角。

通过表格注解和其他注解的联合使用，可以排出很多漂亮的表格版式，在各种表格排版中方正书版有一些规范性的要求。

（1）书中插入表格的位置　书中插入表格的位置应该是说制表立即见表，如果遇到版面调整有困难时，表格只能下移，不准前移。

（2）书中表格的尺寸

1）书中表格尺寸小于或等于书刊版心宽度。

2）表格宽度超过版心而小于开本的可以不排页码，但应该排成暗码。

（3）表中数字和计量单位的排法

1）表中数字一律使用阿拉伯数字，同一栏内都是数据时，力求个位对齐。

2）计量单位尽量不排在说明栏内，同一栏或者同一行内的计量单位相同时，可把单位排在栏头或行头，另行排；全表的计量单位相同时，可把单位排在标题行的右边。

6.6　数学排版

科技版主要是指原稿内夹有各类数学公式、化学结构式、表格、插图及各种学科的外文符号、程序语言代码等内容的版式。所以排科技版面要比普通版面复杂得多，这就要求排版人员熟练应用各种排版语言，熟悉各类公式、符号及各种版面的结构。关于表格和插图的排版技术已在前面的章节中进行了介绍，本章将对排数学版面的有关知识和注解进行介绍。

数学公式的排版在科技文章中经常用到，本节从实例出发，讲解界标、开方、行列、方程等数学公式在实际应用中的排版技术。

6.6.1　上下 SX

格式

〖SX(〔<上下参数>〕)<上盒组>〖〗<下盒组>〖SX〗〗

参数

<上下参数>：〔C〕〔B〕〔Z|Y〕〔<附加距离>〕

<附加距离>：〔－〕<字距>

解释

C：指定分数线加长。

B：不要分数线。

Z：上下盒子左对齐。

Y：上下盒子右对齐。

附加距离：用于调整上、下盒组间的距离。

6.6.2 界标 JB

格式

〖JB<<大小><开界标符>〗

〖JB><大小><闭界标符>〗

〖JB(〔<开界标符>〕〔Z〕〗<界标内容>〖JB)〔<闭界标符>〕〗

参数

<开界标符>：(|{|〔|[|||/|\|=

<闭界标符>：)|}|〕|]|||/|\|=

<大小>：<字模倍数>〔*〕

<字模倍数>：1|2|3|4|5

解释

(：开圆括号。

{：开花括号。

[：开正方括号。

〔：开斜方括号。

|：竖线。

/：斜杠。

\：反斜杠。

=：竖双线。

)：闭圆括号。

}：闭花括号。

]：闭正方括号。

〕：闭斜方括号。

*：1/2。

6.6.3 顶底 DD

格式

〖DD(〔<顶底参数>〕〗<盒组>〔〖〗<盒组>〕〖DD)〗

参数

<顶底参数>：<单项参数>|<双项参数>

<单项参数>：〔X〕<参数>

<双项参数>：〔<参数>〕〔；<参数>〕

<参数>：〔<位置>〕〔<附加距离>〕

<位置>：Z|Y|M

<附加距离>：〔－〕<字距>

解释

X：表示顶底内容加在下面。

Z：左对齐。

Y：右对齐。

M：撑满排。

默认时，居中排。

－：缩小距离。

6.6.4 阿克生码 AK

格式

〖AK<字母><阿克生符>〔D〕〔<数字>〕〗

参数

阿克生符：-|=|~|→|←|。|*|·|¨|ˇ| ^

数字：1|2|3|4|5|6|7|8|9

解释

D：指定附加字符需降低安排位置。

<数字>：调节阿克生符位置的左右。因为外文字母的宽窄、高低各不相同，因此，所需配的字符与位置也有所不同。本注解能够依照字母的宽度自动选配合适的字模并按照默认的位置（中心偏右处）附加在字母上。如果对这个位置不满意，可以用<数字>来调节。每个字符被从左到右分为 9 级，1 级为最左，9 级为最右，5 级为居中。

6.6.5 添线 TX

格式

〖TX〔X〕<线类型>〔<附加距离>〕〗

参数

<线类型>：-|=|～|(|)|{|}|[|]|〔|〕|→|←

<附加距离>：〔－〕<字距>

解释

X：在盒子下面添加线，默认则为上。

<线类型>：

一：单线。

~：波浪线。

=：双线。

(：开圆括号。

)：闭圆括号。

{：开花括号。

}：闭花括号。

[：开正方括号。

]：闭正方括号。

〔：开斜方括号。

〕：闭斜方括号。

→：右箭头。

←：左箭头。

一：表示加大添加线与盒子之间的距离，默认表示缩小距离。

6.6.6 开方 KF

格式

〖KF〔S〕〗〔<开方数>〖〗〕<开方内容>〖KF〗

解释

S：指定开方数。

6.6.7 行列 HL

格式

〖HL<总列数>〔：<列信息>{；<列信息>}(0 到 n 次)〕〗<行列内容>〖HL〗

参数

<总列数>：<数字>

<列信息>：<列号>，<<列距>|<位置>|<列距><位置>>

<列号>：<数字>

<列距>：<字距>

<位置>：Z|Y

解释

Z：左对齐。

Y：右对齐。

6.6.8 方程 FC

格式

〖FC(〔<边括号>〕〔J〕)<方程内容>〖FC〗〗

参数

<边括号>：{|}|〔|〕

解释

{：左花括号。

}：右花括号。

〔：左斜括号。

〕：右斜括号。

J：表示整个公式作为一个整体，禁止拆页。

6.6.9 方程号 FH

格式

〖FH〗

6.6.10 左齐 ZQ

格式

〖ZQ<字数>〔，<字距>〕〗

〖ZQ(〔<字距>〕)<左齐内容>〖ZQ〗〗

数学公式的排版是一个难点，遇到具体问题时，要利用所学的知识点灵活处理、综合运用。

6.7 化学排版效果

上一节介绍了数学的排版技术，本节将对化学版面的有关知识和注解进行介绍。

化学公式，反应式的排版在化学类科技文章中会经常用到，本节从实例出发，讲解了反应、结构、自键、六角环等化学公式在实际应用中的排版技术。

6.7.1 反应 FY

格式

〖FY〔<反应参数>〕〗

〖FY(〔<反应参数>〕)<反应内容>〖FY〗〗

参数

<反应参数>：〔<反应号>,〕〔<反应方向>,〕<字距>|〔<反应号>,〕<反应方向>|<反应号>

<反应号>：JH〔*〕|KN〔*〕|=

<反应方向>：S|X|Z|Y

解释

=：等号。

JH：聚合。

JH*：聚合。

KN：可逆。

KN*：可逆。

默认：→。

S：上；

X：下；

Z：左；

Y：右。

6.7.2 相联 XL，相联始点 LS，相联终点 LZ

相联 XL

格式

〖XL()〖XL〗〗

相联始点 LS

格式

〖LS<编号><位置>{〔，<编号><位置>〕}(0 到 K 次)〗

参数

<编号>：<数字>〔<数字>〕1≤编号≤20

<位置>：S|X|ZS|ZX|YS|Y

解释

S：上。

X：下。

ZS：左上。

ZX：左下。

YS：右上。

YX：右下。

相联终点 LZ

格式

〖LZ｛<编号><位置>〔，<线选择>〕〔，<线位置>〕〔，<线方向>〕｝(0 到 K 次)〗
〖LZ(｛<编号><位置>〔，<线选择>〕〔，<线位置>〕〔，<线方向>〕｝(0 到 K 次))〖LZ〗〗

参数

<编号>：<数字>〔<数字>〕1≤编号≤20

<位置>：S|X|ZS|ZX|YS|YX

<线选择>：XJ|KH

<线位置>：S|X

<线方向>：F

解释

S：上。

X：下。

ZS：左上。

ZX：左下。

YS：右上。

YX：右下。

XJ：虚箭头。

KH：花括号。

默认值是箭头。

S：联线位置在上。

X：联线位置在下。

默认值为上。

F：表示反方向，箭头落在始点上。

6.7.3 结构 JG

格式

〖JG(〗<结构内容>〖JG)〗

6.7.4 字键 ZJ

格式

〖ZJ<字键>｛；<字键>｝(0 到 t 次)〗

参数

<字键>：〔<键形>,〕〔<字符序号>〔<位置>〕,〕<方向>〔，<字距>〕

<键形>：LX|SX|XX|QX|SJ|JT|DX|XS

<方向>：S|X|Z〔S|X〕|Y〔S|X〕

解释

LX：两线。

SX：三线。

XX：虚线。

QX：曲线。

SJ：三角。

JT：箭头。

DX：点线。

XS：虚实线。

默认为单键。

<字符序号>：根结点为多字符的横结点或竖结点时，本参数指出由第几个字符引出字键。

<位置>：

S：上。

X：下。

Z：左。

Y：右。

ZS：左上。

ZX：左下。

YS：右上。

YX：右下。

<方向>：键的引出方向。

6.7.5 六角环 LJ

格式

〖LJ<六角参数>〗

〖LJ(<六角参数>) {〖<角编号>〗<结点>}〖LJ〗〗

参数

<六角参数>:〔<规格>〕〔，<六角方向>〕〔，<边情况>〕〔，<连入角>〕〔，<内嵌字符>〕

<规格>：<字距>〔，<字距>〕

<六角方向>：H|S

<边情况>：<各边形式>〔<嵌圆>〕|<嵌圆>

<嵌圆>：Y<0|1>〔<嵌圆距离>〕

<嵌圆距离>：（<字距>）

<各边形式>：D|W(<边编号>{，<边编号>}0 到 j 次)|S(<边编号>{，<边编号>}0 到 k 次)〔W(<边编号>{，<边编号>}0 到 I 次)〕

<连入角>：L<角编号>

<角编号>：1|2|3|4|5|6

<边编号>：1|2|3|4|5|6

<内嵌字符>：#<字符>

解释

H：横向。

S：竖向。

D：表示六角环的各边为单键边。

W(<边编号>{，<边编号>}0 到 j 次)：表示无键边的编号。

S(<边编号>{，<边编号>}0 到 k 次)：表示双键边的编号。

<嵌圆>：

0：实圆。

1：虚圆。

<嵌圆距离>：表示嵌圆和六角环宽边的距离。使用嵌圆距离之后，六角环的圆只能使用实圆。

6.7.6 角键 JJ

格式

〖JJ<角键>{；<角键>}(0 到 j 次)〗

参数

<角键>：<角编号>〔，<键形>〕〔，<方向>〕〔，<字距>〕

<角编号>：1|2|3|4|5|6

<键形>：LX|SX|XX|QX|SJ|JT|DX|XS

<方向>：S|X|Z〔S|X〕|Y〔S|X〕

解释

LX：两线。

SX：三线。

XX：虚线。

QX：曲线。

SJ：三角。

JT：箭头。

DX：点线。

XS：虚实。

S：上。

X：下。

Z：左。

Y：右。

ZS：左上。

ZX：左下。

YS：右上。

YX：右下。

6.7.7 邻边 LB

格式

〖LB<边编号>{，<边编号>}(0 到 K 次)〗

参数

<边编号>：1-6

在这里需要强调的是科技书中外文字母大小写的用法。

1）在科技类书中，同一个字母的大小写所代表的数或者量往往不同。所以排版时要特别注意外文字母大小写的使用，一定不可以混淆，例如，pH 值（代表氢离子的浓度值）；其中的“p”一定要排小写，否则的话其意义就完全不同了。

2）化学元素符号，凡是两个字母组成的，第二个字母必须排小写。如 Na，Cu，Zn，Al。

参 考 文 献

[1] 孙建开，雷良波．方正排版综合教程[M]．珠海：珠海出版社，2003．

[2] 曹蓉蓉，方梅．方正书版 9.11 排版创意实例集[M]．北京：新时代出版社，2006．

[3] 林媛，孟寿萱．方正书版/飞腾排版教程[M]．北京：中国轻工业出版社，2007．

[4] 王式杰，郝键，薛炳楠．汉字录入与编辑技术[M]．北京：电子工业出版社，2008．